中国计量文化

国家质量监督检验检疫总局

U0363813

度万物　量天地　衡公平

Measurement of All Substances, Universes and Fairness

中国质检出版社

北　京

序

　　科技要发展，计量须先行。从古代的"度量衡"发展到现代的十大计量，计量已成为科技进步的重要技术前提、经济发展的重要技术基础、国防建设的重要技术保障、保护人民群众生命安全和身体健康的重要技术手段。计量关系国计民生。

　　文化是民族的灵魂，是推进社会前进的精神动力。计量在人类文明发展史上，随着社会的发展而发展，随着人类的进步而进步，既凝结了中华文明的共同特性，也形成了自己独特的物质文化承载方式和精神文化特有内涵。保证量值准确可靠、服务经济社会发展、促进国家科技创新、推动国际交流合作已成为计量的核心价值；科学、准确、求实、奉献成为计量的精神主旨；科学、公正、规范、效率成为计量管理的核心标准；精心、精细、精准、精益求精、公平公正成为计量的行为规范；度万物、量天地、衡公平成为计量人永远的奋斗目标！

　　用文化促发展、用发展促文明。通过计量文化建设，可以更好地凝聚力量、振奋精神、鼓舞斗志、奋发有为；加强计量文化建设，可以更好地夯实计量基础，提升计量水平，增强计量服务能力。"抓质量、保安全、促发展、强质检"，是党中央、国务院赋予我们的职责、交给我们的重任。计量是基础，是手段，是重要的技术保障。让我们紧密团结在党中央周围，围绕"抓质量、保安全、促发展、强质检"十二字方针，加强计量法制建设、计量基础建设、计量文化建设，为促进经济发展、科技进步、国防安全以及社会和谐而努力奋斗！

2013年9月6日

嘉 量

　　故宫的太和殿和乾清宫前各陈设有两件十分引人注目的文物——日晷（guǐ）与嘉量。日晷陈设在左侧，嘉量在右侧，它们是殿前的重要陈设物。日晷是古代的计时器，象征着皇帝授时予民的权力和对时空的驾驭。嘉量是我国古代的标准量器，象征着国家的统一和皇权的威严。

日 晷

　　中华文明五千年，计量历史源远流长。人类从远古时期的生存需要之初，就逐步产生了数和量的概念。随着人类的进步，测量范围逐步扩大，测量精度逐步提高，计量已经从简单的度、量、衡逐步发展到现代完善的计量体系，成为国民经济、科技进步、社会发展的重要技术基础。

图书在版编目（CIP）数据

中国计量文化/国家质量监督检验检疫总局.
—北京：中国质检出版社，2013.11
ISBN 978-7-5026-3874-0

Ⅰ．①中… Ⅱ．①国… Ⅲ．①计量-文化史-中国
Ⅳ．①TB9-092

中国版本图书馆CIP数据核字(2013)第196051号

策划编辑：黄　洁
责任编辑：洪　伟

中国质检出版社出版发行

北京市朝阳区和平里西街甲2号（100013）

北京市西城区三里河北街16号（100045）

网址www.spc.net.cn

总编室：(010)64275323　发行中心：(010)51780235

读者服务部：(010)68523946

中国标准出版社秦皇岛印刷厂印刷

各地新华书店经销

*

开本 889×1194 1/12　印张 8　字数 165 千字

2013年11月　第一版　　2013年11月　第一次印刷

*

定价 118.00 元

《中国计量文化》编辑委员会

主　任	蒲长城				
副主任	韩　毅	张玉宽	丛大鸣		
顾　问	丘光明	邱　隆	关增建	宋明顺	李瑞昌
	史子伟	于占民	卢敬叁	杨学功	陈传岭
	杨路滨	冯红文			
编　委	韩　毅	张玉宽	丛大鸣	宋　伟	张闽生
	马爱文	朱美娜	林振强	曹瑞基	黄　洁
主　编	韩　毅				
副主编	宋　伟	张闽生			
主　审	丛大鸣				
副主审	刘新民	王步步	钟新明	马肃林	
编写人	马爱文	朱美娜	林振强	曹瑞基	刘继义
	李志伟	从　林			
资料整理	韦　靖	张　惠	王　晶	王　勇	王　芳
美　编	李尊尊				

前 言

　　文化是民族的血脉，是人民的精神家园。在我国五千多年文明发展历程中，各族人民紧密团结、自强不息，共同创造出源远流长、博大精深的中华文化，为中华民族发展壮大提供了强大的精神力量，为人类文明进步作出了不可磨灭的重大贡献。《中共中央关于深化文化体制改革　推动社会主义文化大发展大繁荣若干重大问题的决定》指出：深化文化体制改革、推动社会主义文化大发展大繁荣，关系实现全面建设小康社会奋斗目标，关系坚持和发展中国特色社会主义，关系实现中华民族伟大复兴。2012年5月，国家质检总局党组发出《〈关于加强质检文化建设的意见〉的通知》，要求全系统认真贯彻落实《中共中央关于深化文化体制改革　推动社会主义文化大发展大繁荣若干重大问题的决定》精神，紧紧围绕总局党组提出的"抓质量、保安全、促发展、强质检"工作方针，结合质检工作实际，加强质检文化建设。

　　计量是质检工作的重要技术基础。计量历史悠久，计量文化源远流长。从秦始皇颁布诏书统一度量衡到《中华人民共和国计量法》的颁布，计量始终是国家管理的重要手段；从最初的度量衡三个基本量发展到现代的十大计量，计量已成为经济发展的重要技术基础；从"布手知尺""布指知寸"到现代化大生产、产业技术革命，计量已成为科技进步的重要推动力。计量的发展过程，是人类历史发展过程的缩影，也是人类文明发展过程的缩影。从计量器具的发展到计量管理的进步，都凝结着全社会的聪明与智慧，也形成了计量独特的文化底蕴和精神内涵。"度万物、量天地、衡公平"，已成为计量的职责、追求和目标！

　　本书旨在通过深入挖掘计量文化内涵，提炼计量精神，树立计量核心理念，逐步建立"度万物、量天地、衡公平"的计量文化体系，凝聚力量，振奋精神，提升计量工作的战斗力，进而促进社会的进步与发展。

《中国计量文化》编辑委员会

2013年9月6日

目 录

核心理念

中国计量文化
China Metrology Culture

—— 核心价值 ——

保证量值准确可靠　服务经济社会发展

促进国家科技创新　推动国际交流合作

中国计量文化
China Metrology Culture

核心理念 ——计量精神

14

度万物 量天地 衡公平
Measurement of All Substances, Universes and Fairness

—— 计量精神 ——

科学 准确 求实 奉献

中国计量文化

—— 管理文化 ——

科学　公正　规范　效率

中国计量文化
China Metrology Culture

—— 行为文化 ——

精心　精细　精准　精益求精

公平公正

秦始皇帝畫劍并兼天下
體系嚴道大家金
碼衡數劃皇帝今
乾威粗於館
灘峯度量則
不衋兼絜
當晉卿衋生
秦詔版
乙丑秋豫心

历史传承

中国计量文化
China Metrology Culture

历代计量器具

商·牙尺
河南省安阳县殷墟出土
上海博物馆藏
此尺长15.8厘米

　　商代的尺，长 16~17 厘米，相当于中等身高的人拇指与食指伸开的距离，与文献中"布手知尺"和象形文字"尺"形象相合。

秦·始皇诏铁石权
1973年山东省文登县葛(màn)山乡出土
中国历史博物馆藏

　　权身镶嵌秦始皇廿六年铜诏版，权重 32.257 千克。

　　"廿六年，皇帝尽并兼天下诸侯，黔首大安，立号为皇帝，乃诏丞相状、绾，法度量则不壹歉疑者，皆明壹之。"

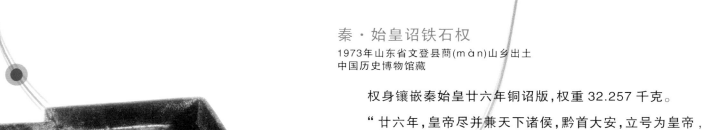

战国·秦 商鞅方升
上海博物馆藏

　　战国时期的量器，全长 18.7 厘米，内口长 12.4 厘米，宽 6.9 厘米，深 2.3 厘米，计算容积 202.15 立方厘米。此器是商鞅任"大良造"时期所颁发的标准量器。以 $16\frac{1}{5}$ 立方寸的容积为 1 升，说明早在公元前 300 年就已运用"以度审容"的科学方法，反映了我国古代劳动人民在数字运算和器械制造方面所取得的伟大成就。

西汉·千章铜漏
1976年在内蒙古自治区伊克昭盟杭锦旗沙丘内出土
内蒙古自治区博物馆藏

漏壶，通常使用铜壶盛水，滴漏以计时刻，故又称为"铜壶滴漏"。铜壶滴漏的工作原理是利用滴水量来计量时间。漏壶有泄水型的沉箭漏、受水型的浮箭漏两种。

沉箭漏古老而简单，只有单壶，壶的底部有小孔，壶中有箭刻。使用时，壶中的水由小孔流至壶外，箭刻随之逐渐下沉，以显示时间。浮箭漏的发明晚于沉箭漏，但功能优于前者。它分供水的播水壶及置放箭刻的受水壶两部分。使用时，播水壶的水经小孔不断注入受水壶，箭刻便逐渐随之上浮，以显示时间。

浮箭漏是史上记载使用最多、流传最广的计时器，另也有以沙代水的沙漏。后来，为了提高水流速度的稳定性及计时的准确性，逐渐再加上一只或几只播水壶，形成多级漏壶。

千章铜漏是一件有明确纪年、保存完好、容量很大的泄水型沉箭式漏壶。壶身为圆筒形，刻有"河平二年四月造"等铭文，下为三蹄形足，盖上有双层梁，壶盖和两层梁的中央有上下对应的三个长方孔，用以安插箭刻。

新莽·嘉量
台北故宫博物院藏

新莽嘉量为西汉末年王莽即位时（公元9年）所颁发的度量衡标准器。全器包括了龠（yuè）、合（gě）、升、斗（dǒu）、斛（hú）五个容量，与《汉书·律历志》记载相对照，不仅可以详尽地了解汉代的容量制度，而且通过对器物铭文的研究和测量，还可以得出度、量、衡三者的单位量值。1尺合23.1厘米，1升容200毫升，1斤重226.7克。

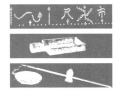
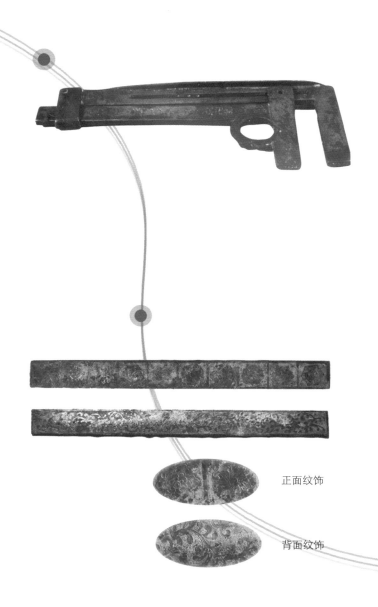

正面纹饰

背面纹饰

新莽·始建国铜卡尺
中国历史博物馆藏

　　卡尺一面刻铭文："始建国元年正月癸酉朔日制"。卡尺由主尺（固定尺）和副尺（活动尺）两部分组成：主尺刻4寸，每寸刻10分，长9.964厘米，1尺合24.9厘米；副尺刻5寸，未刻分，长12.38厘米，1尺合24.8厘米。主尺上部有鱼形柄，中间开一导槽，以便副尺游动。两爪相并时，固定尺与活动尺等长。始建国铜卡尺的制作年代是公元9年，说明2000多年前，我国长度测量技术已从能制造直尺发展到既可测直径又可测量深度的卡尺，在度量衡发展史上写下新的一页。

唐·鎏金刻花银尺
山东省计量科学研究院度量衡展厅藏
长29.5厘米　宽3厘米

　　银尺正面10个寸格，每寸格内刻1朵不同的花卉纹饰；背面刻满缠枝连纹，两面底部錾满了唐代典型珍珠底纹饰。据《大唐六典·尚书令》记载，唐代朝廷在每年农历二月初一中和节，以镂刻十分精美的牙尺或木画紫檀尺赐王公大臣。牙尺从形式上看像是古代测量长度的器具，实际上是皇帝用以恩宠近臣、示信示戒的。唐代朝廷用象牙、紫檀这样珍贵的材料，由艺匠们雕镂而成，作为礼物，选择中和节那天赐予近臣，使其感受到皇上对自己的器重。当年李观、陆爱礼、裴度都作有《试中和节诏赐公卿尺》诗，从一个侧面反映了这种现象。唐代拨镂牙尺，现在上海博物馆珍藏了1支，日本的奈良正仓院珍藏10支，包括"红牙拨镂尺6支，绿牙拨镂尺、白牙尺各2支"，均由当年日本遣唐使或唐朝使者从中国带去。

清·木斛

民国·木斗

"斛""石"（dàn）在历史上是同一个容量单位的两个不同名称（在先秦衡制系列中，"石"是个重量单位，1石等于120斤，但在汉以后就很少见到"石"用作重量单位了）。1斛和1石都是10斗的容量。由于"加耗""多收"等原因，出现了各种"省斛"，其实际容量比10斗的石少甚至接近5斗。这些量器在一定范围内被公认通用，甚至官府正式颁行，造成换算上的极大混乱，容量单位的十进制也遭到破坏。经过实践，客观上要求把"斛"与"石"的字义分辨清楚，重新定义容量单位"斛"，1斛容量5斗，2斛为1石，直到元代中期才被确定为全国通行的定制。

斗、斛是古代历史上粮食交易和征收赋税的主要量器。木质的较多，不易保存到现在，所以如今能见到的多是清代和近代的器具。

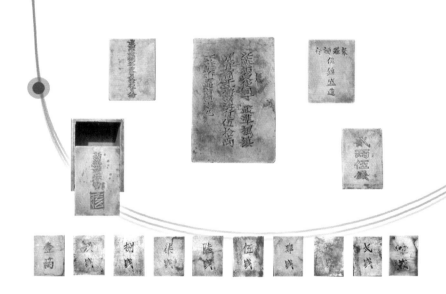

清·康熙十八年 盒装式伍拾两铜砝码

山东省计量科学研究院度量衡展厅藏

这是根据清律规定，由官府监制、校准、颁发的标准砝码，全套砝码集装于长方形铜盒内，每枚砝码刻字标重。铜盒四面分别铭刻："奉江苏布政使司丁较准枫镇买卖商牙一体遵行伍拾两不许轻重违者禀究""奉宪颁行"等字样。

中国计量文化

China Metrology Culture

国际千克原器

铂铱合金米原器

国际原器

　　由于世界各国采用了相互不同的测量标准器具、测量单位和测量方法，因而阻碍了世界各国的经济发展和贸易往来。1790年，塔列朗提出米制的设想。1792年6月，两位天文学家德朗布尔和梅尚从巴黎出发，历时7年完成了地球子午线弧长测量。1875年5月20日，17个国家的代表在巴黎签署"米制公约"，公认米制为国际通用的计量单位。米制的长度主单位为米，约等于通过巴黎的子午线长度的四千万分之一；质量主单位为千克，为1立方分米的纯水在4℃时的重量（质量）；容量主单位为升，为1千克纯水在标准大气压下密度最大（4℃）时的体积；时间主单位为秒。1889年第一届国际计量大会（CGPM）批准了两个国际原器：国际米原器和国际千克原器，保存在巴黎国际计量局，并以该原器的量值定义长度单位米和质量单位千克。该原器由含铂90%、铱10%的合金制造，与其同时制成的其他原器都与国际原器做过比对，后来大多分发给成员国，成为各国的国家基准。

　　目前我国计量技术发生了翻天覆地的变化。从最初的机械式、机电结合式发展到现在的全电子称重器具，其应用得到了全新的发展。

机械天平

电子天平

量　块

量块是长度计量中最基本，也是使用最为广泛的实物量具之一。因为量块的中心长度可以通过干涉系统溯源至长度基准——激光波长，所以在长度计量中，经常将量块作为计量标准器，对计量仪器、量具和量规等进行检定，再通过这些计量器具对机械制造中的尺寸进行测量，从而使各种机械产品的尺寸溯源到长度基准。因此，量块也是长度计量中最重要的计量标准器之一。

水准零点标志雕塑

　　山高万仞，始自何处？黄海海平面是中国高程系统的基准面。1954年在青岛观象山建成了"中华人民共和国水准原点"，作为中国的海拔起点，全国各地的海拔高度皆由此点起算。在观象山顶一个神秘的小石屋里面，有一颗浑圆的黄玛瑙，玛瑙上一个红色小点，上面标出"此处海拔高度72.260米"，这就是我国的"水准原点"。中国水准原点建成后，由此构成原点网，共有292条线路、19 931个水准点，形成了覆盖全国的高程基础控制网。

中国计量文化
China Metrology Culture

历代计量制度

黄帝设五量

《大戴礼记·五帝德》中说，"黄帝设五量"：衡、量、度、亩、数。《尧典》记载：尧命羲和"历象日月星辰，敬授民时"。《虞书·舜典》说，舜"协时月正日，同律度量衡"。大禹治水患，"左准绳，右规矩，载四时以开九州，通九道，破九泽，度九山"。

夏、商、西周时期

夏代制做了标准的度量衡原器，并颁发于地方，作为定期检定、检查的依据。据记载，夏代的度量衡原器存于王府。周代度量衡制度越加严密。《礼记·明堂位》中说：周公"朝诸侯于明堂，制礼作乐，颁度量，而天下大服"。据《周礼》所记，在朝廷掌理度量衡事务的官员有三：一是内宰，职在颁发度量衡标准器；二是大行人，掌管校正诸侯国的度量衡标准器，"同度量""同数器""十一年一校正之"；三是合方氏，掌治天下道路，民间事务，"同其数器，壹其度量"。在地方，实际管理市场上度量衡的是司市，由司市领导下的质人具体执行，"巡而考之"，随时检查度量衡中的作伪舞弊者。另外，每年定期两次校正民用度量衡器——"同度量，正钧石，角斗甬（通'桶'）"，一次在春分，一次在秋分。

春秋战国时期

春秋时期度量衡成为统治阶级之间政治斗争及攫取政权的工具。《淮南子·人间训》载，白公胜在楚国发动政变后，效仿中原各国新兴势力的做法："大斗斛以出，轻斤两以纳"，用这种方法，争取民心，积累实力。战国时期商鞅主持变法和制定度量衡规章制度，并亲自督造一批标准器具，废除私设的度量衡制，建立起一个强有力的中央集权，封建经济得到迅速发展，国力崛起，为秦后来的统一霸业奠定了基础。

春秋战国时期，由于征收田赋和商业发展的需要，度量衡更为重要，其制度也日趋完备，度量衡的发展进入一个新的阶段。但又由于当时小国林立，诸侯纷争，政治上的不统一，表现在度量衡上就有不少的地域差异。

秦汉时期 ——

秦始皇廿六年（公元前221年），海内既定，立即推行"一法度衡石丈尺，车同轨，书同文字"的措施。以商鞅拟定的度量衡为基础，制发了大批度量衡标准器，器上刻有秦始皇40字诏书，以后又加刻秦二世的诏书，并实行了定期检查、违者受罚的办法。

西汉度量衡沿袭秦时旧制，由廷尉掌度、大司农掌量、鸿胪掌衡。官府和民间制作的众多铜器、漆器上有重量、容量和尺寸的铭记，甚至一些普通的陶器上也有相关铭记，其量值和秦时基本一致。王莽建立新朝，颁发了一批制作精致的度量衡标准器，其中铜嘉量堪称传世之作。设计时采用的圆周率为3.154 7，比"径一而周三"的旧说前进了一步。新莽铜卡尺的用途和现代卡尺基本相同，具有创造性意义。

东汉仍由官府颁发标准器，定期进行检查。尺度、量器用莽制，实际上略有增大之势。衡制恢复秦和西汉之制而大于新莽时的单位量值。东汉初曾下令度田，简核垦田顷亩数。地方官如京兆尹第五伦"平铨（quán）衡，正斗斛"，即为深得民心之举。东汉已使用陶范铸造铁权（每次铸6枚），度量衡器的生产已相当普遍。由于发现金属纯度影响精度，改用1立方寸的纯水作为重量标准。三国时期设大司农，负责汉之属官掌赋税的征收和军需粮食的供应，同时也主管标准量器的督造和颁发。

魏晋南北朝时期 ——

魏景元时数学家刘徽著《九章算术注》，对新莽嘉量同魏斛作了比较，结论是魏斛大而尺长，莽斛小而尺短（《晋书·律历志》）。魏末郦道元以《水经》为纲，写成地理名著《水经注》，详尽地介绍了中国1 252条河流，反映了在当时度量衡及测量技术已经被广泛应用。南北朝时期祖冲之在探究新莽嘉量的过程中，求得了精确度高达小数点后7位的圆周率值（比西方早1 000多年），以之为据，指出了刘歆设计嘉量中存在的粗疏。

中国计量文化

China Metrology Culture

唐代 ——

唐代度量衡器主要由官府制造，制作精致，工艺之精湛达到了相当高的水平。如象牙尺采用浮雕和拨镂的工艺，饰以亭台花草鸟禽，"刻镂傅色，工丽绝伦"，既是一支精细的尺，又是一件艺术珍品。唐时朝廷常以这种精巧的尺分赐臣下以至外国使臣，不少唐尺由此流向日本。

唐代对度量衡管理较严，颁发了度量衡标准器，"京诸司及诸州，各给秤尺及五尺度斗升合等样，皆铜为之"。度量衡行政权属于太府寺，法令规定每年八月到太府寺平校度衡器，不在京的，到所在州县官平校。平校后加盖印署，始准使用。《唐律》规定，凡执行平校的人员所校不平及私作不平而仍使用，或虽平而未经官印者，均分别治罪，监校官不觉及知情者，亦分别论罪。

宋代 ——

宋代度量衡制度有两个引人瞩目的新变化。一是随着当时金银的计量愈趋精细，计量单位要求尽量小。景德年间，刘承珪创造了精密的戥（děng）秤（即戥子），于两、钱之下又定有分、厘、毫等单位，都以十进，计量不但精确，而且方便。后世在称量金银、药品等物时所用的戥子即始自北宋。二是随着量器比古时大了3倍多，原圆柱形的容器上口大，使用不准、不便，南宋理宗时，改为上口小，下底大的方形之斛，容5斗，10斗改称1石，即1石为2斛。这种式样的斛口狭底广，出入之间盈亏相差不远，且口狭易于用㮚（gài）※，可以防止作弊。

宋代太府寺、三司户部、工部先后执掌度量衡的行政管理，颁发标准器，执行检定和校正，制定有关使用度量衡的政策和法规，严格监督管理并设有专门的机构制造度量衡标准器。

※ 㮚——量米粟时刮平斗斛用的木板。量米粟时，用㮚在斗斛上刮平，利于准确计量。

元代 ——

元朝建国后各种典章制度多沿用唐、宋旧制，同时也保存了蒙古的某些制度。中书省掌管度量衡法式，制造标准器向各路颁发。元初几次明令禁止私造，承袭宋时的做法：器上刻年号、改元重刻，多数并刻有编号。对度量衡有问题者，处罚较严。

元朝注重便利民族之间、中外之间的经济交往，有的铜权上专门铸有少数民族文字和波斯文。但后来由于官吏贪污舞弊，大进小出，度量衡的混乱现象又日趋严重。元代郭守敬制作的简仪，可以使投射日影更加精确，体现了机械工程技术及计量方法的伟大成就。

明代 ——

明代废除了中书省和丞相制，分相权于吏、户、礼、兵、刑、工六部，官方使用的度量衡器的制造材料的支用、锤钩的铸造由各部门分工负责，制成后交户部校勘收用。

明太祖洪武元年（1368年），令铸造铁斛斗升，付户部收粮时校勘用，规定京城内由兵马司兼管市司，三天一次校勘街市斛斗秤尺，在外府州也由各城门兵马兼领市司。第二年下令凡斛斗秤尺由司农司依照中书省原颁铁斗、铁升校定，制造发直隶府州及转发各行省，依样制造，校勘相同，发至所属府州。各府依法制造、校勘，付与各州县仓库收支行用，这种做法可称为逐级颁样、校勘、仿制。

对街市商用度量衡器有相当严格的管理制度。牙行市铺之家所用的度量衡器须赴官印烙；乡村人民所用的斛斗秤尺与官降相同者，许令行使。《明史·职官志》记载："凡度量权衡，谨其校勘而颁之，悬式于市，而罪其不中度者。"明代官府虽规定了严格的度量衡制度，但官僚地主商人任意增大度量衡器具的单位量值，大进小出，对农民进行剥削。明末安徽贵池地主收租和放债用斗相差巨大，有时每石相差达130斤。

中国计量文化
China Metrology Culture

清代 ——

清初康熙皇帝亲自累黍（shǔ）定尺并在他御制的《律吕正义》中对度量衡制度作了详细的论述，形成了著名的营造库平制。康熙九年(1670年)开始推行的"周日十二时，时八刻，刻十五分，分六十秒"之制，实际上已是西方的HMS（时分秒）制。乾隆皇帝对度量衡标准的确立也作过深入的研究，有过突出的贡献，再订权量表，颁行天下，逐渐形成了具体的制度，由工部制造一批营造尺标准器，颁之各省。咸丰八年（1858年）天津条约订立之后，海关度量衡出现，意味着清政府度量衡制被列强把持的中国海关放弃。清末，清廷提出重订划一度量衡办法，由农工商部派员至国外考察，同时农工商部设立度量衡局，负责管理推行事务。

1875年5月20日，国际上签署了《米制公约》。宣统元年（1909年）清政府向国际计量局定制了尺度和重量原器等，成为中国度量衡史上第一代具备了现代科学水平的基准和仪器。

民国时期 ——

1915年，北洋政府颁布《权度法》。1928年，南京政府公布《中华民国权度标准方案》，废除营造尺、库平制，改用米制为标准制，以米制和市用制并用过渡。1929年，南京政府颁布《度量衡法》，强制推行度量衡的划一。

中华人民共和国 ——

1950年初中央人民政府财政经济委员会技术管理局设立度量衡处，负责全国度量衡管理工作。1955年1月，成立国家计量局，为国务院直属局。1972年11月，成立国家标准计量局。1978年4月，成立国家计量总局。1982年，国家计量总局改为国家计量局。1988年3月，国家计量局、国家标准局和国家经委质量局合并成立国家技术监督局。1998年，国家技术监督局更名为国家质量技术监督局。2001年，成立国家质量监督检验检疫总局。

1959年国务院发布《关于统一计量制度的命令》，确定米制为我国的基本计量制度。1977年国务院颁布《计量管理条例》。1984年国务院发布《国务院关于在我国统一实行法定计量单位的命令》。1985年第六届全国人大常委会通过《中华人民共和国计量法》。

历代计量单位

长度：丝、秒、纤、微、忽、毫、发、程、厘、分、寸、咫、尺、步、丈、引、仞、寻、常、索、墨、里、舍。

容量：龠、合、升、斗、斛、石、豆、区（ōu）、鉌（hé）、釜、钟、圭、抄、撮、勺、溢、掬。

质量：忽、丝、毫、厘、分、钱、铢、两、斤、钧、石、锊（lüè）、镒（yì）、累、匀。

历代计量单位参考表

时 代	年代（公元）	度 （1尺约合厘米数）	量 （1升约合毫升数）	衡 （1斤约合克数）
商	公元前1600—公元前1046	16		
战国	公元前475—公元前221			
（齐）			205	370/镒
（邹）			200	
（楚）			226	250
（魏）			225	306/镒
（赵）			175	251
（韩）			168	
（燕）				251
（秦）		23.1	200	253
秦	公元前221—公元前207	23.1	200	253
西汉	公元前206—8	23.1	200	250
新	9—23	23.1	200	245
东汉	25—220	23.1	200	220
三国	220—280	24.2	200	220
晋	265—420	24.2	200	220
南北朝	420—589			
（南朝）		24.7	200	220
（北朝）		25.6~30	300（前期）600（后期）	330（前期）660（后期）
隋	581—618	29.5	600	660
唐	618—907	30.3	600	661~667
宋	960—1279	31.4	702	640
元	1271—1368	35	1003	640
明	1368—1644	32	1035	596.8
清	1644—1911	32	1035	596.8
民国	1912—1949	33.3	1000	500
中华人民共和国	1949—	33.3（1990年废除市尺）	1000	500（1990年废除市斤）

韦[伯]
流[明]　勒[克斯]　贝可[勒尔]　戈[瑞]　希[沃特]
贝可[勒尔]　戈[瑞]
s
A
法[拉]　欧[姆]　西[门子]　韦[伯]
亨[利]
流[明]
流[明]　勒[克斯]　贝可[勒尔]　戈[瑞]
k
亨[利]　摄氏度　流[明]
戈[瑞]　希[沃特]
m
度　流[明]
贝可[勒尔]
贝可[勒尔]　戈[瑞]　希[沃特]

现代计量

斯]　贝可[勒尔]　戈[瑞]　希[沃特]

kg

mol

希[　　cd

中国计量文化
China Metrology Culture

现代计量学科

　　新中国建立60多年来，经过几代计量人的不懈努力，中国现代计量事业在党和国家的关心支持下，得到迅速发展，取得丰硕成果。到2012年底，已经建立了183项国家计量基准，形成了覆盖几何量、热学、力学、电磁、无线电、时间频率、光学、声学、电离辐射和化学计量十大专业领域的计量基准标准体系，时间频率、量子、电学、热工、长度等领域多项测量能力处于国际领先或先进水平。计量为推动经济发展、促进社会进步、维护国家安全、增强贸易竞争力提供了强有力的技术基础支撑，成为提高国家综合国力的重要技术手段和基础保障。

几何量计量 ——

　　几何量计量可分为长度计量、角度计量和工程参量计量。长度计量系指一维长度测量，主要研究端度测量、线纹测量、径类测量、光波长测量及其仪器量具等。长度计量单位"米"是国际单位制的7个基本单位之一。长度计量研究范围从纳米到光年，跨越25个数量级，是跨度最大的一门计量分支；角度计量主要研究线与线、线与面、面与面之间夹角（平面角）的测量以及立体角的测量，可分为圆分度角度测量、小角度测量、角度标准器的测量、角度棱镜的测量、角度量仪测量等；工程参量计量涉及形状测量（如平面度、直线度、圆度、表面粗糙度等）、复杂几何图形测量（如螺纹、齿轮、孔板以及二维、三维测量等）等。生活中常用到直尺、钢卷尺，在军事和交通中广泛应用的卫星定位系统等，都是几何量计量的研究成果。

　　随着国家量子计量基标准的建立与完善，现代长度计量得到迅速发展。

热学计量 ——

　　热学计量是涉及温度、热流等相关物理量的测量科学。温度单位开尔文是国际单位制的7个基本单位之一，表示物体冷热的程度。如对普通玻璃液体温度计，红外测温仪的检定、校准，直接关系到医生对病人是否发热的判断准确性。为计量温度高低而规定的温度标准称为温标，包括摄氏温标、华氏温标和热力学温标等。

　　在国际单位制中温度的基本单位用开尔文（K）表示，热力学温度（T）和摄氏温度（t）之间的关系是：$T=t+273.16K$。温标经历了四个发展阶段：一是经验温标，如华氏温标、列氏温标、摄氏温标；二是气体温标；三是热力学温标；四是国际实用温标（协议温标）。我国现行有效的是1990年国际温标，它以热力学温标为基本温标，规定1K的大小为水的三相点热力学温度的1/273.16。

力学计量 ——

力学计量是计量学中发展最早的分支之一。古代"度量衡"中的"量"和"衡"就是现在的容量和质量计量。在现代计量中，力学计量的范围十分广泛，包括质量、密度、力值、容量、力矩、机械功率、压力、真空、流量、振动、冲击、速度、加速度、重力加速度等物理量的计量，也包括硬度等技术参量的计量。市场上的电子计价秤、水表、燃气表、出租车计价器等准确与否都是由力学计量来保证的。力学量中的质量单位千克是国际单位制的7个基本单位之一，其他力学量主要由质量、长度、时间等基本量导出。在力学计量的基础研究方面，正努力将目前国际上唯一以实物形式保存的基本单位基准——千克原器向自然基准或微观量子基准过渡。

电磁计量 ——

电磁计量包括直流和1MHz以下交流的电量（电压、电流、电阻、功率、电能等）、阻抗（电容、电感、交流电阻等）及磁学量（磁通、磁感应强度、磁场强度、磁性材料等）计量。其中电流单位安培是国际单位制的7个基本单位之一。与人民生活密切相关的电磁计量领域很多，如家用电能表的准确度等。随着科学技术的进步，量子物理逐渐应用到电磁计量中，使电磁学SI单位体系中计量单位的实现呈现出丰富多彩的景象。通过约瑟夫森效应建立了电压单位"伏特"，通过霍尔效应建立了电阻单位"欧姆"，新发现的物理原理使复杂的溯源工作变成了物理常数的应用，即常数化。电磁计量器具有较高的准确度、灵敏度，能够实现连续测量，便于记录和进行数据处理，并可进行远距离测量，越来越多地将各种非电量转为电磁量进行测量。

无线电计量 ——

无线电计量又称为电子计量（国外称为射频和微波计量），涉及无线电子技术的宏观方面。无线电计量按覆盖的电磁频谱范围分为射频计量、微波计量和毫米波计量。无线电计量的研究重点主要有两类：一是表征信号特征的参量，如电压、电流、功率、场强、频率、波长、波形参数、脉冲参数、调制参数、频谱参数、噪声参数等；二是表征网络特征的参数，如集总电路参数、反射参数、传输参数、无线电元器件及设备特性参数、元器件谐振特性参数、材料特性参数等。随着科学技术的进步，无线电计量已成为一门发展迅速、应用广泛、与各行业联系密切的学科，电子技术及通信技术的迅猛发展和智能型测量仪器、自动测量仪器的广泛应用，无线电计量越来越发挥重要作用，对现代科学技术的发展起着巨大推动作用。

现代计量
现代计量学科

时间频率计量 ——

时间频率计量用于测量频率值和时间间隔，主要服务于通信、航天、国防、电子、家电、医疗、科研、电视等领域，时间和频率是描述周期现象的两个不同的侧面，在数学上互为倒数。时间单位秒是国际单位制的7个基本单位中复现准确度最高的单位，在10^{-15}数量级。秒的定义经历了三次变迁：1820年根据地球自转周期定义的"太阳秒"、1960年根据地球公转周期定义的"历书秒"、1967年根据原子跃迁发射或吸收电磁波的周期定义的"原子秒"，每次定义的变迁都是由于找到了更稳定的周期运动。时间包含两个内容：时刻和时间间隔。常见的频标主要有铯原子频标、铷原子频标、石英晶体频标和石英振荡器。时间频率量值的传递可采用两种方式，一是与其他量值传递一样的直接检定校准，二是通过时间频率发播台、互联网或GPS进行远距离传送。

光学计量 ——

光学计量研究光辐射本身及其作用于物体和生物体时所产生的效应和变化的定量评价，它与人类的生活、生产都有着十分密切的关系。光学计量的主要内容包括辐射度计量、光度计量、激光辐射度计量、材料光学参数计量、色度计量、光纤参数计量、光辐射探测器参数计量、工程光学计量等。发光强度单位坎德拉（cd）是国际单位制的7个基本单位之一。在光学计量中，最早发展的是光度计量，它起源于天文观测和照明技术的需要。随着科学技术的发展，特别是军事上需要，促使辐射计量的研究和应用逐渐从可见辐射扩展到红外和紫外的广阔光谱区，并由此派生出众多光学研究领域。多数工业部门、人民生活和新兴研究领域如医疗、纺织、印染、食品、材料、能源、航天、环境监测、气象、遥感等，都需要光学计量提供准确可靠的数据和测量方法。

声学计量 ——

声学计量研究声压、声强、声功率、响度、听力损失等量的测量。声学计量一般分为声压计量（电声、水声）、超声计量、听力计量、噪声计量。由于声压最容易测量，因此在空气声和水声中，都以声压为基本量，此时只需通过换能器（传声器）或水听器，就可实现空气中或水中的声压测量，但有很多情况下不能得到自由声场。另外，有些声学现象和效应，特别是超声，与声能量有直接关系，此时测量声强或声功率更有意义，故声功率也作为声学的基本量。对于声学材料，吸声系数是最关键的声学参数。在声学计量中，常用"级"来表达声学量的大小，某一声学量与同类量的基准值之比的对数就是声学量的级，如声压级、声强级、声功率级，采用常用对数时"级"的单位为B（贝），习惯上用B的1/10作为单位，即dB。现代水声计量在海洋研究和利用中发挥着重要作用，是探测、导航、通讯等强有力的手段，在国防建设中得到广泛应用。

电离辐射计量 ——

电离辐射计量是关于放射性核素和电离辐射的计量学。通常包括放射性核素测量、放射性样品分析、X射线、γ射线和电子辐射计量以及中子计量等。电离辐射计量是核测量领域的一门基础科学，广泛应用于国防建设、生命科学、环境保护、安全防护、医学诊疗、辐照加工、核能开发等领域。与电离辐射有关的物理量主要有五类：描述辐射场性质的量、描述辐射与物质相互作用的量、描述辐射对物质影响（辐射效应）的量、与放射性有关的量以及辐射防护领域中使用的量。目前最基本、最常用的量主要为：吸收剂量、比释动能、照射量、放射性活度、剂量当量。

化学计量 ——

化学计量包括物质成分、物理化学性质、物质结构、化学工程特性测量。化学成分计量的主要内容是确定物质中的各类化学成分或某一成分的含量。测量物质的化学成分量值，需要采用高纯度物质作为基准物质，即标准物质。采用标准物质进行量值传递是化学成分计量的一大特点。化学成分计量涉及"物质的量"的计量单位"摩尔"，是国际单位制7个基本单位之一。化学成分计量的分析仪器品种繁多，常用的有电化学分析仪器、光化学式分析仪器、色谱式分析仪器等。物理化学计量是研究与物质的物理化学性质有关的特性量的计量，可分为热量计量（包括热容、燃烧热等）、黏度计量、湿度计量、表面张力计量、电导率计量、pH计量、浊度计量、粒度计量、分子量计量、盐度计量、闪点计量等。

在化学工程特性量计量中，大多数采用约定标准，如pH计量、浊度计量。量值与测量条件和测量方法有关，有时难以溯源至SI单位，只能通过规定一致公认的标度来实现国际范围内的量值统一。现代化学计量在不同空间和时间里测量同一量值是保证量值统一的基本手段，是定量描述物质运动内在联系的一门科学。标准物质的研究在化学计量中十分重要，标准物质按特性分为化学成分标准物质、物理化学特性标准物质和工程技术特性标准物质。生物计量是新的计量学科。生物计量包括燃烧热、酸碱度、电导率等，也包括生物技术可溯源的测量体系，在此基础上开展生物量的计量。

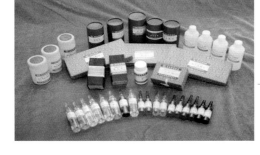

计量体系

计量行政管理体系

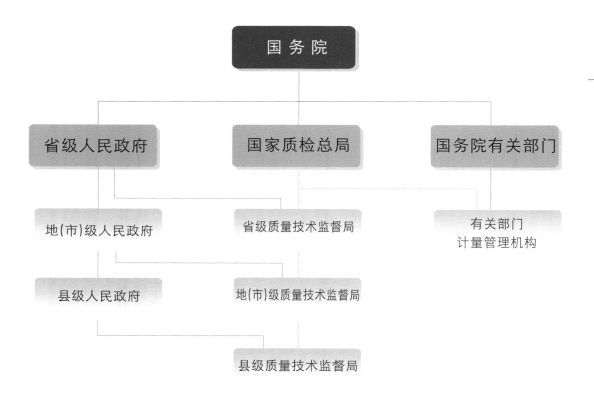

计量体系

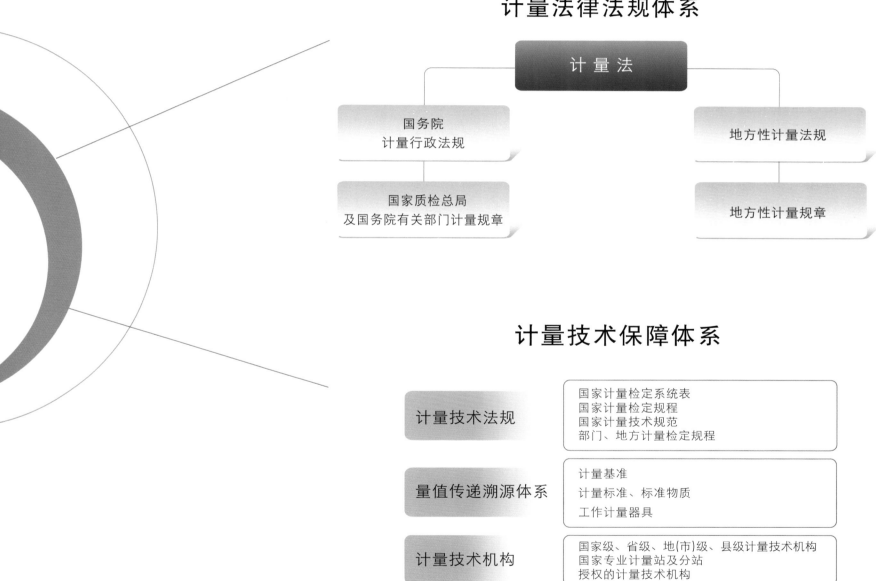

计量法律法规体系

计量法

国务院
计量行政法规

地方性计量法规

国家质检总局
及国务院有关部门计量规章

地方性计量规章

计量技术保障体系

计量技术法规	国家计量检定系统表 国家计量检定规程 国家计量技术规范 部门、地方计量检定规程
量值传递溯源体系	计量基准 计量标准、标准物质 工作计量器具
计量技术机构	国家级、省级、地(市)级、县级计量技术机构 国家专业计量站及分站 授权的计量技术机构
计量技术人员	计量科研人员 计量检定员、注册计量师 计量标准考评员 计量技术机构考评员 制造计量器具许可证考评员

中国计量文化
China Metrology Culture

技术机构文化

华东国家计量测试中心

自主创新 重点跨越

东北国家计量测试中心

华北国家计量测试中心

中国计量科学研究院

　　中国计量科学研究院是国家最高的计量科学研究中心和国家级法定计量技术机构。承担研究、建立、维护和保存国家计量基准和研究相关的精密测量技术的任务。通过7个大区国家计量测试中心向全国开展量值传递工作。

中南国家计量测试中心

华南国家计量测试中心

西南国家计量测试中心

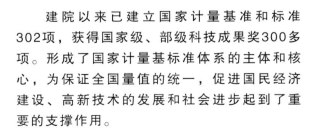

西北国家计量测试中心

　　建院以来已建立国家计量基准和标准302项，获得国家级、部级科技成果奖300多项。形成了国家计量基标准体系的主体和核心，为保证全国量值的统一，促进国民经济建设、高新技术的发展和社会进步起到了重要的支撑作用。

现代计量
技术机构文化

中国计量文化
China Metrology Culture

北京市计量检测科学研究院

准确高于天 责任重于山
以数据准确为核心
以公正诚信为使命
与时俱进服务社会与经济发展

TIMST

天津市计量监督检测科学研究院

科学 公正 准确 可靠 优质 高效

河北省计量监督检测院

严谨 诚信 创新 奋进

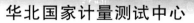

山西省计量科学研究院

诚信为本 准确立业

内蒙古自治区计量测试研究院

民生为本 民信为天

华北国家计量测试中心

华北国家计量测试中心挂靠在北京市质量技术监督局，中心的技术依托是北京市计量检测科学研究院。中心的主要任务是：负责研究建立华北大区最高计量标准，承担华北大区的量值传递和量值溯源工作，开展计量检定、校准及测试工作；组织大区内计量技术与管理经验交流和技术人员的培训；开展大区间、大区内的计量比对；承办国家质检总局下达的计量技术和管理等有关任务；为实施计量监督提供技术保证。

现代计量——技术机构文化

辽宁省计量科学研究院

行为公正 方法科学 数据准确
服务及时 顾客满意

吉林省计量科学研究院

毫厘间追求精确
细微处见证真诚

黑龙江省计量检定测试院

科学的检定 校准 检测方法
公正的检定 校准 检测行为
准确可靠的检定 校准 检测结果
优质 高效 热情 周到的服务

东北国家计量测试中心

　　东北国家计量测试中心挂靠在辽宁省质量技术监督局，中心的技术依托是辽宁省计量科学研究院。中心的主要任务是：负责研究建立东北大区最高计量标准，承担东北大区的量值传递和量值溯源工作，开展计量检定、校准及测试工作；组织大区内计量技术与管理经验交流和技术人员的培训；开展大区间、大区内的计量比对；承办国家质检总局下达的计量技术和管理等有关任务；为实施计量监督提供技术保证。

现代计量
——技术机构文化

中国计量文化
China Metrology Culture

江西省计量测试研究院
服务社会 成就客户 敬业创新 和谐共享

福建省计量科学研究院
和谐海西 精确计量

山东省计量科学研究院
凝心聚力 干事创业 和谐发展

安徽省计量科学研究院
精准计量 真诚服务 创先争优

浙江省计量科学研究院
真诚创造感动 超越客户期望

江苏省计量科学研究院
准为先 计民生 量方圆

华东国家计量测试中心

华东国家计量测试中心挂靠在上海市质量技术监督局，中心的技术依托是上海市计量测试技术研究院。中心的主要任务是：负责研究建立华东大区最高计量标准，承担华东大区的量值传递和量值溯源工作，开展计量检定、校准及测试工作；组织大区内计量技术与管理经验交流和技术人员的培训；开展大区间、大区内的计量比对；承办国家质检总局下达的计量技术和管理等有关任务；为实施计量监督提供技术保证。中心设有国家原子能机构和世界卫生组织所属的"二级放射性剂量学实验室"。

上海市计量测试技术研究院
计天地之微以道 量万物之功以理
测服务之效以诚 试使命之达以信

河南省计量科学研究院
服务 创新 务实 多元

湖北省计量测试技术研究院
共享互利 和谐计量

湖南省计量检测研究院
质量第一 科学公正
服务客户 廉洁高效

海南省计量测试所

广西壮族自治区计量检测研究院
公正 准确 高效 满意

广东省计量科学研究院
团队凝聚力量 创新推动发展
精确铸造基石

中南国家计量测试中心

中南国家计量测试中心挂靠在湖北省质量技术监督局，中心的技术依托是湖北省计量测试技术研究院。中心的主要任务是：负责研究建立中南大区最高计量标准，承担中南大区的量值传递和量值溯源工作，开展计量检定、校准及测试工作；组织大区内计量技术与管理经验交流和技术人员的培训；开展大区间、大区内的计量比对；承办国家质检总局下达的计量技术和管理等有关任务；为实施计量监督提供技术保证。

华南国家计量测试中心

华南国家计量测试中心挂靠在广东省质量技术监督局，中心的技术依托是广东省计量科学研究院。中心的主要任务是：负责研究建立华南大区最高计量标准，承担华南大区的量值传递和量值溯源工作，开展计量检定、校准及测试工作；组织大区内计量技术与管理经验交流和技术人员的培训；开展大区间、大区内的计量比对；承办国家质检总局下达的计量技术和管理等有关任务；为实施计量监督提供技术保证。该中心是国内唯一在中国香港地区开展计量校准服务的计量检定机构，同时代理中国计量科学研究院在港业务。

现代计量
技术机构文化

中国计量文化
China Metrology Culture

西藏自治区计量测试所
缺氧不缺精神
扎根雪域高原 确保一方量传
计量和谐民生 共创美好家园

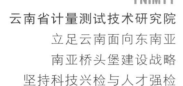

云南省计量测试技术研究院
立足云南面向东南亚
南亚桥头堡建设战略
坚持科技兴检与人才强检

贵州省计量测试院
科学进取 公正诚信 准确高效

重庆市计量质量检测研究院
精湛技术 精致服务 精细管理
精诚团结 精益求精

西南国家计量测试中心

西南国家计量测试中心的技术依托为中国测试技术研究院。中心的主要任务是：负责研究建立西南大区最高计量标准，承担西南大区的量值传递和量值溯源工作，开展计量检定、校准及测试工作；组织大区内计量技术与管理经验交流和技术人员的培训；开展大区间、大区内的计量比对；承办国家质检总局下达的计量技术和管理等有关任务；为实施计量监督提供技术保证。中心建立和保存了国家计量基准（副基准）40项，拥有亚州第一的"50MN稳压力源"。

陕西省计量科学研究院

依法　严谨　细致　担当

甘肃省计量研究院

团结　求实　高效　开拓

青海省计量检定测试所

依法　科学　准确　公正　高效

宁夏回族自治区计量测试院

科学　公正　廉洁　高效

新疆维吾尔自治区计量测试研究院

做社会公信的基石

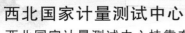

西北国家计量测试中心

西北国家计量测试中心挂靠在陕西省质量技术监督局，中心的技术依托是陕西省计量科学研究院。中心的主要任务是：负责研究建立西北大区最高计量标准，承担西北大区的量值传递和量值溯源工作，开展计量检定、校准及测试工作；组织大区内计量技术与管理经验交流和技术人员的培训；开展大区间、大区内的计量比对；承办国家质检总局下达的计量技术和管理等有关任务；为实施计量监督提供技术保证。

现代计量

技术机构文化

计量应用

中国计量文化
China Metrology Culture

当今社会，计量与科技进步、经济发展和人民群众生活有着极为密切的关系。从人们的日常生活到最尖端的科学和高新技术，计量时时刻刻都发挥着重要的技术基础作用。科技进步、工业生产、商品交易、医疗诊断、环境保护都不能没有计量的支撑。可以说，没有计量，寸步难行。

计量与科技

没有计量就没有科学。在当今高速发展的各个科技领域，计量发挥着重要的、乃至关键的基础保证作用。同样，科学技术的进步也推动着计量科学水平的迅速提高，计量本身就是科学技术的一个重要组成部分。历史上三次技术革命充分体现了计量与科学技术相互促进的关系。计量领域的突出研究成果"激光冷却铯原子喷泉时间频率基准装置研究"和"量子化霍尔电阻基准"是我国科学技术进步的具体体现，对我国的科学研究等领域有巨大的促进作用，分别获得2006年和2007年国家科技进步一等奖。

以蒸汽机的广泛应用为标志的
第一次技术革命

在蒸汽机的研制和应用的过程中，需要对蒸汽压力、热膨胀系数、燃料的燃烧效率、能量的转换等进行大量的计量测试。

以电的产生和应用为标志的
第二次技术革命

欧姆定律、法拉第电磁感应定律以及麦克斯韦电磁波理论等，为电磁场的深入研究和应用、电磁计量和无线电计量的开展提供了重要的理论基础。

以核能和信息化的开发应用为标志的
第三次技术革命

原子能、化工、半导体、电子计算机、超导、宇航等新技术的广泛应用，使计量日趋现代化。光速的测定、原子光谱的超精细结构的探测以及航海、航天、遥感、激光、微电子学等许多科技领域，都以频率和长度精密测量为重要技术基础。

计量与国防

　　聂荣臻元帅曾在写给国防计量大会的贺信中指出："计量是现代化建设中一项不可缺少的技术基础，国防计量更是重要。"国防计量是国防科技技术基础的重要组成部分。国防科工委成立后，在国务院、中央军委的领导下，将国防科技的技术基础工作统一管理起来，经过不懈努力，借鉴国外经验，结合国情，建立起使用、科研、生产统一的计量传递体系，有效地保证了科研、试验、生产任务，为国防科技和武器装备的发展提供了有力的技术支撑。小型可搬运铯原子时间频率基准钟为北斗卫星导航定位系统服务。2012年，为了让航天员在飞船和天宫一号的生活更安全、更舒适，对航天飞行器、飞船等舱内材料的有毒有害气体释放进行模拟检测评价试验，为航天员的生命安全提供技术保障。

中国计量文化
China Metrology Culture

计量与环境

计量在环境保护中起着重要作用。在环境监测活动中，存在着大量的测量活动，而测量结果的准确可靠，都是通过国家计量基准、计量标准直至工作计量器具的量值传递和溯源来保证的。

人类不仅要对危害人体健康的噪声、辐射、振动等物理参数和烟尘、霉菌及各种有害化学成分进行计量监测，而且需对正常生活必不可少的环境物质进行准确计量，据此认识环境，以便治理环境、保护环境。

计量与节能

  节能降耗是落实科学发展观的必然要求，是建设节约型社会、实现经济社会可持续发展的根本保障。"要节约先计量，要节能早计量，要节材用计量。"计量是节能的基础，是衡量节能效果的重要手段，是国家依法实施节能监督管理，评价企业能源利用状况的重要依据。《国务院关于加强节能工作的决定》中明确规定，各级质量技术监督部门要督促企业合理配备能源计量器具，加强能源计量管理。

  GB17167—2006《用能单位能源计量器具配备和管理通则》对用能单位、主要次级用能单位、主要用能设备的能源计量器具配备进行了明确规定。《中华人民共和国节约能源法》第二十七条规定："用能单位应当加强能源计量管理，按照规定配备和使用经依法检定合格的能源计量器具。"加强能源计量数据管理、开展能效标识计量监督检查、治理过度包装等，计量都是主要的技术手段。

中国计量文化
China Metrology Culture

计量与贸易

　　计量是贸易赖以正常进行的重要条件，现代贸易若无计量保证是难以想象的。计量是把好贸易中商品数量关的重要手段。贸易中很多商品都是根据商品的量来结算的，而商品的量必须借助计量器具来确定。计量器具量值是否准确将直接影响买卖双方的经济利益，尤其是对大宗物料的贸易，影响就更为突出。计量也是把好贸易中商品质量关的重要保证。任何一种商品的质量，总是以若干个参数指标来评价的，而商品参数指标的科学测量都是依靠计量测试来完成的。随着贸易的全球化，国际贸易的发展迅速，计量显得更为重要。全球市场贸易要求各种测量必须可溯源至国家计量基准，并且量值与国际一致。

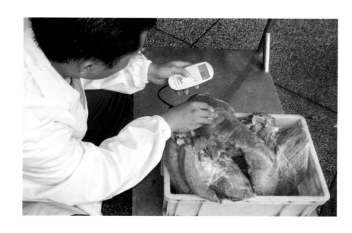

计量与安全

　　计量在保护人们的生产与生活安全方面发挥着重要的作用。食品中有毒有害物质的检测、安全生产中易燃易爆气体（如瓦斯）的检测、交通安全中行车速度的测量以及辐射剂量的检测等都需要准确可靠的计量器具提供技术保障。

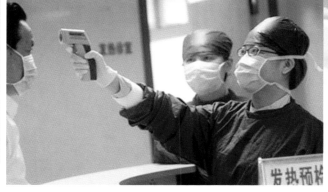

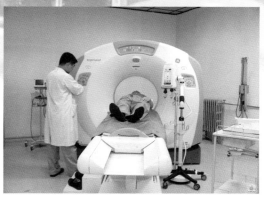

中国计量文化

China Metrology Culture

计量与民生

计量与人们生活息息相关，人们的衣食住行都离不开计量。做衣服要用尺量长短；买粮食买菜要称重；购买定量包装商品要注意其净含量标注；房屋面积、室内环境污染要测量；要用水表、电能表、煤气表对水、电、煤气使用量进行测量并进行结算；坐出租汽车要使用出租车计价器；汽车加油要用燃油加油机等。

随着人们生活质量的提高，人们的计量意识也在增强，普遍开始关注个人的身体健康，体温计、血压计、血糖仪等已经成为人们日常保健用计量器具。准确计量保护着人们的合法权益和身体健康。

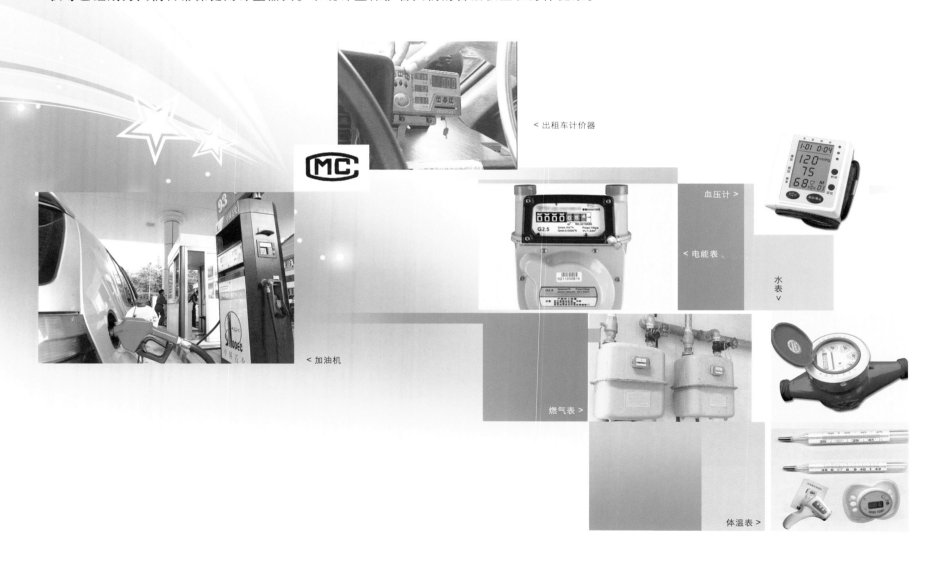

< 出租车计价器

血压计 >

< 电能表

水表 ∨

< 加油机

燃气表 >

体温表 >

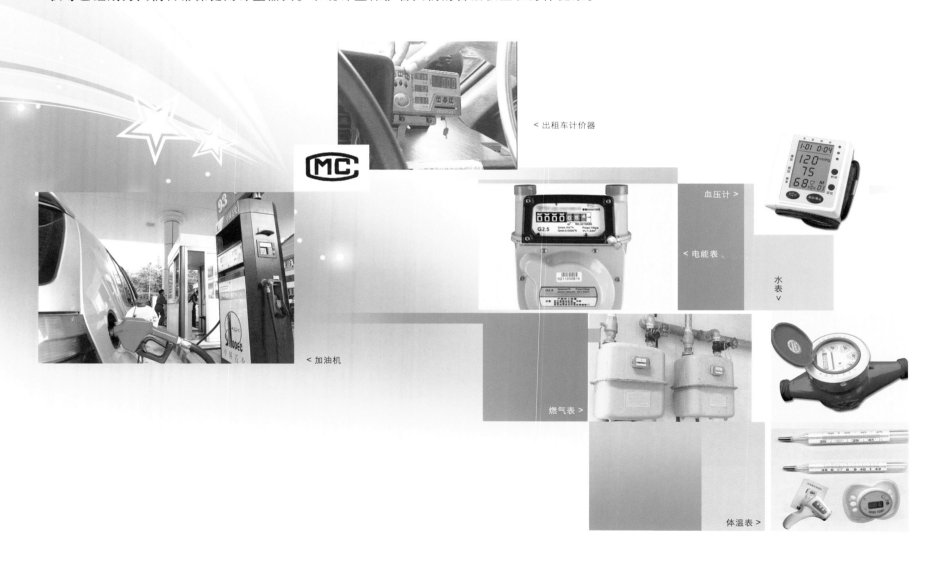

计量与社会

　　计量是维持社会经济秩序、支撑社会经济发展、构建和谐社会的技术保障。计量基准、计量标准和社会公用计量标准的建立以及全国量值传递溯源体系的完善，为高新技术产业和战略性新兴产业的发展、促进经济转型、促进社会和谐等提供了强有力的技术支撑。如，测温仪为防控甲型H1N1流感发挥了重要的计量技术支持作用；"五种生物多胺测定—高效液相色谱法"有效服务了汶川地震灾后重建；水大流量计量为评价三峡发电效率提供了技术保障。

　　历届"世界计量日"的中国主题：

2001年：计量保证质量

2002年：计量与科技

2003年：计量与节能　计量在你身边

2004年：计量与节能

2005年：计量与能源

2006年：计量与节约能源

2007年：能源计量与节能降耗和污染减排

2008年：计量与能源　计量与体育

2009年：计量与质量　计量与民生　计量与节约能源

2010年：计量·科学发展，副题为：计量—科技创新之桥
　　　　　计量—质量提升之桥　计量—公平正义之桥

2011年：计量检测　健康生活

2012年：计量与安全

2013年：计量与生活

中国计量文化
China Metrology Culture

计量与工农业

    计量是工业生产的眼睛，在工业生产中，从原材料入厂、生产工艺过程控制、产品质量检验等都离不开准确的计量。计量贯穿于生产、经营的各个环节，没有准确可靠的数据，也就根本谈不上高质量的产品。国外工业发达国家把计量检测、原材料和工艺装备列为现代工业生产的三大支柱。

    计量是农业生产的参谋，如选种、育种、施肥、土壤成分化验、作物营养成分分析、农药剂量与效果及残留物分析，农业标准化过程中的检测以及农业生产经营管理等，都离不开计量支撑。

· 计量与体育

　　准确计量保障体育竞赛的公平公正。体育场馆及其设施需要对其温度、湿度、风速、采光、电磁干扰等进行监控；赛道的长短、弯道的转弯角度和坡度、时间的记录和测量等，都需要准确的计量作为技术保障。2008年，紧急研制的"食品中违禁药物（兴奋剂）标准物质"，为北京奥运会的公平公正发挥了重要的技术保障作用。

国际计量

中国计量文化
China Metrology Culture

　　1960年第十一届国际计量大会（CGPM）正式通过"国际单位制"。确定了米、千克、秒、安培、开尔文、坎德拉等6个基本单位。1971年第十四届国际计量大会又决定在基本单位中增加物质的量的基本单位摩尔，从而形成了一套完整的国际单位制。随着科学技术的发展，基本单位的定义逐渐变迁，其复现方式也逐渐由实物基准向自然基准过渡。目前质量单位千克是唯一用实物（千克砝码原器）复现的基本单位，各国科学家对质量自然基准的研究进展表明，质量单位的重新定义已为期不远。

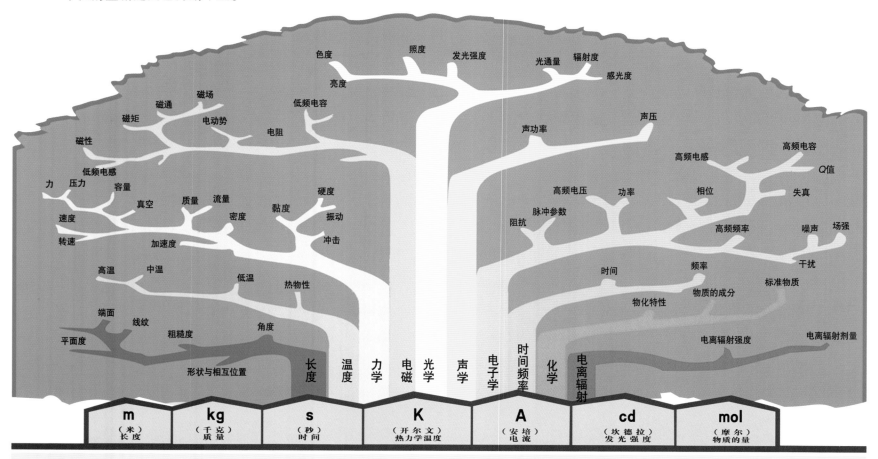

国际单位制（SI）的基本单位

量的名称	单位名称	单位符号
长度	米	m
质量	千克（公斤）	kg
时间	秒	s
电流	安[培]	A
热力学温度	开[尔文]	K
物质的量	摩[尔]	mol
发光强度	坎[德拉]	cd

包括SI辅助单位在内的具有专门名称的SI导出单位

量的名称	单位名称	单位符号
[平面]角	弧度	rad
立体角	球面度	sr
频率	赫[兹]	Hz
力	牛[顿]	N
压力，压强，应力	帕[斯卡]	Pa
能[量]，功，热量	焦[耳]	J
功率，辐[射能]通量	瓦[特]	W
电荷[量]	库[仑]	C
电压，电动势，电位（电势）	伏[特]	V
电容	法[拉]	F
电阻	欧[姆]	Ω
电导	西[门子]	S
磁通[量]	韦[伯]	Wb
磁通[量]密度，磁感应强度	特[斯拉]	T
电感	亨[利]	H
摄氏温度	摄氏度	℃
光通量	流[明]	lm
[光]照度	勒[克斯]	lx

由于人类健康安全防护上的需要而确定的具有专门名称的SI导出单位

量的名称	单位名称	单位符号
[放射性]活度	贝可[勒尔]	Bq
吸收剂量，比授[予]能，比释动能	戈[瑞]	Gy
剂量当量	希[沃特]	Sv

中国计量文化
China Metrology Culture

国际计量组织

国际米制公约组织（BIPM）

1875年，17个国家的代表在法国巴黎签署了政府间协议"米制公约"，成立了国际米制公约组织，它是世界上成立时间最早、最主要的政府间国际计量组织，是保证测量单位全球统一的一个永久性的国际框架组织。

国际米制公约组织的最高权力机构是国际计量大会（CGPM），国际计量大会下设国际计量委员会（CIPM），其常设机构为国际计量局（BIPM）。这三个机构代表国际米制公约组织处理国际计量领域的各种问题，特别是要解决对准确度要求更高、测量范围更大、更多样化的计量需求，以及在全球范围内实现国家计量基准之间的等效。

国际米制公约组织的成员包括正式成员和附属成员。1977年我国签订米制公约，成为国际米制公约组织的正式成员国。

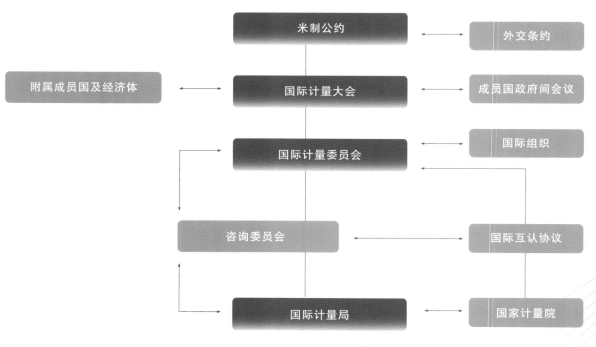

国际米制公约的组织结构图

为纪念《米制公约》签署125周年，1999年10月召开的第21届国际计量大会，确定每年的5月20日为世界计量日。这一天成为全世界受益于《米制公约》的国家和人民共同庆祝的一天。一个多世纪以来，在这一公约框架下，世界科学技术和经济社会发展取得了巨大成就。从2000年开始，许多国家都会在5月20日这一天以各种形式庆祝世界计量日。我国从2001年开始举行"世界计量日"相关庆祝活动。

国际法制计量组织（OIML）

国际法制计量组织是一个从事法制计量工作的政府间组织。为了加强各国计量部门之间在法制计量方面的相互合作和联系，促进计量技术交流，在国际范围内解决使用计量器具存在的技术和管理问题，1937年有37个国家的代表在巴黎召开了国际实用计量会议。会议决定成立国际法制计量临时委员会，草拟成立国际法制计量组织的公约草案。1955年10月12日，美国、原联邦德国等24个国家在巴黎签署《国际法制计量公约》，正式成立国际法制计量组织。

国际法制计量组织的成员包括正式成员和通讯成员。截止到2012年底，OIML共有59个正式成员、56个通讯成员。1985年4月25日我国成为OIML的正式成员。

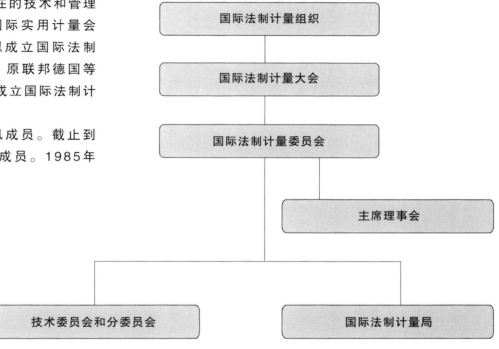

国际法制计量组织的组织结构图

国际计量测试联合会（IMEKO）

国际计量测试联合会创始于1958年，是一个非政府间的国际计量测试技术组织，主要讨论当代计量测试和仪器制造的动态和发展趋势，研究相关领域的计量测试技术。它具有与联合国教科文组织的协商地位。其基本宗旨是促进计量测试与仪器制造领域中科技信息的国际交流，加强与工业界中科学家与工程师间的国际合作。

IMEKO的最高决策机构是总务委员会（GC），每个国家有一名代表参加，每年召开一次会议。IMEKO下设技术工作委员会（TB）、顾问委员会（AB）、秘书处。目前，IMEKO有24个技术委员会（TC）。IMEKO的主要活动是召开IMEKO世界大会和技术委员会会议，组织学术讨论会，出版论文集、教材、术语集以及与其他有关国际组织合作。

1961年国务院外办批准我国以"中国计量技术与仪器制造学会筹备委员会"名义加入IMEKO。1979年经由中国科协和外交部批准改由中国计量测试学会代表中国作为IMEKO的成员组织。

亚太计量规划组织（APMP）

亚太计量规划组织成立于1980年，是由亚太地区各经济体的国家计量院及其指定的技术机构组成的区域性计量合作组织，致力于促进区域各经济体计量科学技术的发展；是经国际计量委员会（CIPM）认可的全球5个区域性计量组织（RMO）之一，致力于在全球互认协议（CIPM MRA）的框架下建立计量基准、校准与测量能力的国际互认；是经亚太经济合作组织（APEC）认可的5个专业性区域组织（SRBs）之一，和APEC的标准与一致性分委员会（SCSC）合作，致力于为区域经济的发展提供计量技术支持。

亚太计量规划组织的组织机构由全体大会（GA）、执行委员会（EC）、秘书处、技术委员会（TC）和发展中国家经济体委员会（DEC）构成。APMP设正式成员和附属成员。

1980年9月，APMP第三次领导会议上做出关于邀请中国参加的决议。同年12月，经国家科委和外交部批准我国正式加入这一组织。中国计量科学研究院受国家质检总局委托作为中国的唯一代表参加亚太计量规划组织。

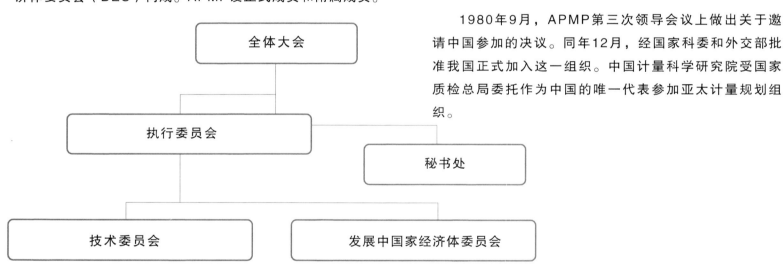

亚太计量规划组织机构图

亚太法制计量论坛（APLMF）

亚太法制计量论坛是由亚太经济合作组织（APEC）中负责法制计量工作的管理机构组成的区域性计量论坛组织。

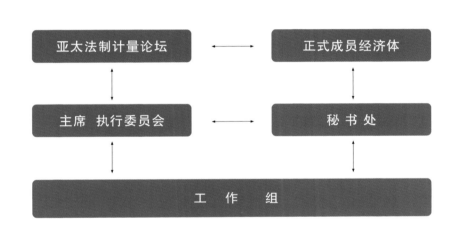

亚太法制计量论坛组织机构图

在世界经济全球化、贸易投资自由化和区域一体化的趋势下，1992年亚太经合组织正式成立。APEC采取协商一致的议事规则，议题集中于经济领域，贸易投资自由化和经济技术合作被视为APEC的"两个轮子"。为了给APEC在合格评定领域提供实际具体的技术支持，又先后建立了亚太法制计量论坛（APLMF）、亚太计量规划组织（APMP）、亚太实验室认可合作组织（APLAC）、太平洋认可合作组织（PAC）、太平洋地区标准大会（PASC）5个区域性专业组织，并采用与APEC一致的运作模式。

1994年澳大利亚政府出资资助并担任了APLMF第一届主席国和秘书处，2002年1月日本继澳大利亚之后接任APLMF主席。2007年，国家质检总局蒲长城副局长当选APLMF主席，秘书处设在计量司。

国际标准物质信息数据库（COMAR）

国际标准物质信息库是一个志愿合作国际组织。最初，法国国家试验研究所联合美国国家标准技术研究院、原联邦德国材料检验研究院和英国政府化学所、全苏标准物质计量研究院(前苏联)、日本通商产业检查所与中国国家标准物质研究中心于1990年5月在巴黎正式签署了建立COMAR的国际合作谅解备忘录。COMAR设理事会、中央秘书处（CS）和各国家编码中心（CC）。理事会由CC组成，负责制定COMAR的政策及CS工作导则。中央秘书处负责COMAR的整个运行及管理工作。

各国家编码中心负责验证本国研制的标准物质（CRM），并输入COMAR数据库，向国内宣传COMAR数据库的使用并提供查询服务。COMAR可检索的标准物质领域包括钢铁、有色金属、无机、有机、物理及技术特性、生物和临床、工业等8大类。各国在COMAR中标准物质的录入数量基本反映了各国在标准物质研制领域的现状和地位。

国际计量
国际计量组织

69

中国计量文化
China Metrology Culture

国际计量发展趋势

世界进入21世纪，科学技术的迅速发展和经济全球化趋势正在对计量工作产生深刻的影响，国际计量界面临着新的形势和挑战：世界贸易的国际化趋势日益增强；产品制造的国际合作趋势越来越广泛；高新技术产业对产品和服务的技术要求更加复杂和全面；对健康、安全和环境的问题日益关注；对资源的控制和能源利用的限制更加严格。这些问题对计量测试技术和法制计量管理都提出了更高的要求。世界计量的发展呈现出以下趋势：

一、建立更加有效的全球计量体系

为了使测量更加有效而便捷地为贸易和经济发展服务，需要在全球范围内建立一个"全球计量体系"，以实现真正意义上的"一站式测量服务"。建立"全球计量体系"的组织基础包括：国际米制公约组织、国际法制计量组织（OIML）和国际实验室认可合作组织（ILAC）三大支柱性国际组织。其主要目标为：采用和推行国际单位制（SI）并不断保持其现代化；在世界范围内协调和推进计量基准的研究；通过国际比对等措施保证各国国家计量基准的等效性；形成和规范校准网络；法制计量的全面拓展与国际协调；国际标准、国际建议和国际文件的相互兼容和统一等。

二、量子基准逐步取代实物基准

20世纪50年代以前，基本单位的量值由实物基准复现、保存，其典型代表是19世纪末制成的千克砝码原器和米元器。随着科技及工农业的发展，传统计量基准逐渐显现出稳定性不够好、难以准确复制等缺陷。量子物理学的发展促进了计量基准从实物基准到量子基准的巨大变革：由于基本物理常数（如真空中光速c、普朗克常数h、电子电荷e等）具有极好的稳定性，用基本物理常量定义基本单位，可使基本单位的定义长期保持稳定。

用基本物理常量重新定义基本单位的做法首先在长度单位的定义方面取得了突破。1983年国际计量大会把长度单位米正式定义为"真空中光在1/299 792 458秒的时间间隔内传播的距离"。1988年国际计量委员会建议用约瑟夫森电压标准及量子化霍尔电阻标准代替原来的标准电压和电阻实物基准，等效于用普朗克常数h、基本电荷e和频率标准复现电压和电阻单位。在温度计量方面，正在研究用玻耳兹曼常数k定义温度单位开尔文的可能性。用阿伏伽德罗常数定义物质的量的单位摩尔最近也已取得突破性进展。目前，各国正在努力攻克经典计量学中的顽固堡垒——用量子计量基准代替尚在使用的铂铱合金千克砝码实物基准。

 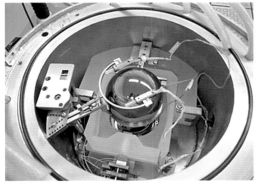 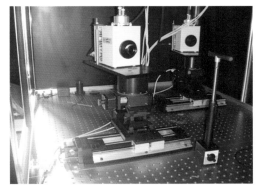

三、计量技术的应用领域不断拓宽

当今科学技术的发展，使信息技术、生物技术、纳米技术、新能源和新材料等领域成为21世纪关注的焦点。这些高新技术给全世界带来了深刻技术革命的同时，也带来了诸多复杂的测量和量值溯源问题，迫切要求计量科学研究向这些新领域延伸。生命科学、医疗技术、环境监测的发展依赖于复杂而准确的测量；现代科学技术的发展还需要解决复杂量、动态量、连续量的测量，以及非接触、多参数测量等复杂的计量问题；利用网络技术的远程校准、测量软件将成为计量科学研究的工具和对象；生理量、心理量等计量领域还有待于深入研究。

四、测量技术水平持续提高

电子技术广泛应用于计量技术，计量自动化程度不断提高，计算机和各种测量软件成为计量不可缺少的工具，并发挥着越来越重要的作用。新材料和新型元器件大大提高了计量设备的可靠性和实用性，新的原理、新的测量方法和先进制造工艺要求测量技术不断提升，测量范围和量程不断扩展，测量精度不断提高。

中国计量文化
China Metrology Culture

国外计量人物

艾萨克·牛顿(1643年—1727年)
Isaac Newton

英国物理学家、数学家、天文学家和自然哲学家
确立了宇宙中最基本的法则——万有引力定律和三大运动定律
力的国际单位"牛顿"是以他的名字命名的

乔治·华盛顿(1732年—1799年)
George Washington

美国首任总统,美国独立战争大陆军总司令
他签署的美国第一部宪法规定了联邦中央政府行政权主要有六项:
军事权、外交权、度量衡管理权、通邮权、制币权和缔约权

查利·奥古斯丁·库仑(1736年—1806年)
Charlse-Augustin de Coulomb

法国工程师、物理学家
在研究静电力和静磁力方面做出了杰出的贡献,发现了著名的库仑定律
电荷量的国际单位"库仑"是以他的名字命名的

马奎斯·孔多塞(1743年—1794年)
Marquis de Condorcet

法国数学家和哲学家
法国启蒙运动时期最杰出的代表之一
指出:"米制属于所有人和所有时代"

亚历山德罗·伏特(1745年—1827年)
Alessandro Volta

意大利物理学家
起电盘和电池的发明人
电动势和电压、电位的国际单位"伏特"是以他的名字命名的

拿破仑·波拿巴(1769年—1821年)
Napoleon Bonaparte

法国军事家、政治家
指出:"征服只是暂时的,而测量事业将永恒"

迈克尔·法拉第(1791年—1867年)
Michael Faraday

英国物理学家
主要从事电学、磁学、磁光学、电化学方面的研究,并获得了一系列重大发现
电容的国际单位"法拉第"是以他的名字命名的

威廉·爱德华·韦伯(1804年—1891年)
Wilhelm Eduard Weber

德国物理学家
在静电系单位的电磁单位制研究中取得重要成果,为电磁理论的诞生开辟了道路
磁通量的国际单位"韦伯"是以他的名字命名的

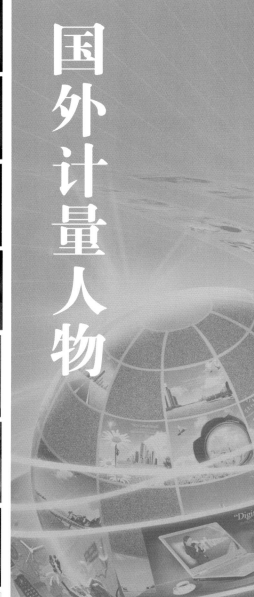

国外计量人物

国际计量

国外计量人物

恩斯特·韦尔纳·冯·西门子(1816年—1892年)
Ernst Werner von Siemesn
德国工程学家、企业家
提出了发电机的工作原理，发明了第一台直流电动机
电导的国际单位"西门子"是以他的名字命名的

詹姆斯·普雷斯科特·焦耳(1818年—1889年)
James Prescott Joule
英国物理学家
研究并测定了热和机械功之间的当量关系
功和能的国际单位"焦耳"是以他的名字命名的

弗里德里希·恩格斯(1820年—1895年)
Friedrich Von Engels
德国思想家、哲学家、革命家
指出："人们只有掌握了准确的测量，才会更加深刻地认识自然事物"

威廉·汤姆森·开尔文(1824年—1907年)
Lord Kelvin
英国物理学家、发明家
修改了绝对热力学温标，是"热力学第二定律"的两个主要奠基人之一
热力学温度的国际单位"开尔文"是以他的名字命名的

德米特里·门捷列夫(1834年—1907年)
Dmitri Ivanovich Mendeleev
俄国化学家
发现了元素周期律，并就此发表了世界上第一份元素周期表
指出："没有测量，就没有科学"

安东尼·亨利·贝可勒尔(1852年—1908年)
Antoine Henri Becquerel
法国物理学家
发现天然放射性，获得了1903年度诺贝尔物理学奖
放射性活度的国际单位"贝可勒尔"是以他的名字命名的

约瑟夫·约翰·汤姆逊(1856年—1940年)
Thomson, Joseph John
英国物理学家
指出："每一件事物只有可以测量时才能认识"

罗尔夫·马克西米利安·希沃特(1896年—1966年)
Rolf Maximilian Sievert
瑞典生物物理学家、辐射防护专家
主要贡献于研究辐射对生物体的影响
剂量当量的国际单位"希沃特"是以他的名字命名的

国际计量
国外计量人物

人文艺术

计量人之歌
为福建省计量科学研究院五十周年所作
有一种 传承
追本 溯源 叩问 灵魂
用 心守护神圣 让人
加沐春风
有 一道 准绳
丈量 五千年乾坤 答 案可以永恒
历史
将会 作证
(进行曲，充满力量地)
计要 准确
量 有责任
严 谨求实 的 计量人
计出 公正
量 回信任
科 学创新的 计量人

中国计量文化
China Metrology Culture

计量典故

结绳记事

在文字诞生之前的原始社会，人们为了记住当时的狩猎数量和生产状况等，常用绳子在上面打一个结，每发生一件值得记录的事，便在一根绳子上打一个结，或是接上另一段不一样的绳子，这种记录方式被称为"结绳记事"。"结绳记事"被原始先民广泛使用，很多的结绳便相当于原始人的狩猎账本。古书《易九家言》有载："古者无文字，其有约誓之事，事大，大结其绳；事小，小结其绳，结之多少，随物众寡，各执以相考，亦足以相治也。"随着人类社会的发展，"结绳记事"逐渐不能满足人们的需要，而被图画、文字取代。

举足为跬

如何测量田地对于古代农业生产来说至关重要。于是古人发明了以步为依据的测量方法。先秦时商鞅规定"举足为跬（kuǐ），倍跬为步"，即单脚迈出一次为"跬"，双脚相继迈出为"步"。跬是早期社会中，土地面积测量的最小单位。《说文解字段注》引《谷梁传》曰："古者，三百步为里""二百四十步为亩"。秦代曾规定"六尺为步"，相当于现在的1.4米。

手捧成升

"一手为溢，双手为掬。"周代以前容量单位也是用人的身体计量，以一手所能盛的叫做"溢"，两手合盛的叫做"掬"。

《小尔雅·广量》说"掬四谓之豆"。《左传·昭公三年》说"四升为豆"。两手所盛是基本的容量数，然后从这个数累进，计量更多的容量。

在古代，度、量、衡的产生和发展与人类的生产生活密切相关，人们采用"布手知尺""手捧成升"等原始的计量方法，使生活中的商品互换、交易更为有据可依。但"手捧成升"的衡量标准，并不精准，随个人的差异、主观的判断而异。

布手知尺

《大戴礼记·主言》中记载："布指知寸，布手知尺，舒肘知寻，十寻而索；百步而堵，三百步而里，千步而井。"布手知尺是指，中等身材人的大拇指和食指伸开，指尖间的距离相当于1尺，折合现代的长度约16厘米。将人体的某一部分或某种动作为命名依据，作为计量基准的阶段，被称作计量历史发展的"经典阶段"。

中国计量文化
China Metrology Culture

半斤八两

在我国古代计量单位中，质量单位是十六进制的，即16两为1斤，因此产生了半斤八两这样的成语。半斤、八两轻重相等，比喻彼此不相上下，实力相当。

古代定秤，以天上的星星为准，北斗七星，南斗六星，福禄寿三星，总共十六星。中国人拿秤称东西的时候，有天地良心在里面，短斤缺两，会损自己的福禄寿。所以，古代度量衡器包含着丰富的诚信文化。

十六两制在我国长达2000多年的封建社会一直沿用，直到新中国成立后才改成1斤等于10两。如今我国已采用法定计量单位千克。

曹冲称象

《三国志》载：曹冲"生五六岁，智意所及，有若成人之智。时孙权曾致巨象，太祖欲知其斤重，访之群下，咸莫能出其理。冲曰：'置象大船之上，而刻其水痕所至，称物以载之，则校可知矣。'太祖大悦，即施行焉"。

曹冲的意思是，把大象赶到一只大船上，在船上刻下吃水线的位置，把大象赶上岸后，再把能称出重量的物体往船上装载，直到船下沉到船载大象时的吃水位置为止，船上物体的重量就等于大象的重量。

曹冲称象的方法是符合科学道理的。以现在的衡量理论分析，可以发现这种巧妙的称象方法正是现代计量学中的"替代衡量法"。

计量成语

避君三舍
《左传·僖公二十三年》

若以君之灵，得反晋国，晋楚治兵，遇于中原，其避君三舍。

[释义] 舍：古代计量单位，1舍＝30里。指退让和回避。

[成语故事]春秋时期，晋国内乱，晋献公的儿子重耳逃到楚国，楚成王收留并款待了他，重耳许诺如晋楚发生战争晋军将退避三舍。后来重耳返回晋国执政为晋文公，晋国因支持宋国，与楚国发生矛盾，两军在城濮相遇，晋文公退避三舍，诱敌深入而大胜。

失之毫厘，谬以千里
《礼记·经解》

君子慎始，差若毫厘，谬以千里。

[释义] 毫、厘：两种极小的长度单位。开始稍微有一点差错，结果会造成很大的错误。

[成语故事]《资治通鉴·汉记》载，西汉时，将军赵充国奉汉宣帝之命去西北地区平定叛乱，见叛军军心不齐，就决定采取安抚的办法，未被汉宣帝采纳。金城、湟（huáng）中谷贱，赵充国建议："籴（dí）三百万斛谷"，可耿中丞只向皇帝请购100万斛，皇帝又只批40万斛，义渠安国又轻易地耗费了一半。赵充国感叹："失此二策，羌人致敢为逆。失之毫厘，差以千里，是既然矣。"于是赵充国又把他撤并、屯田的设想奏报皇帝，宣帝终于接受了他的主张，最后招抚了叛军，达到了安邦定国的结果。

千钧一发
《汉书·枚乘传》

夫以一缕之任系千钧之重。上悬无极之高，下垂不测之渊，虽甚愚之人犹知哀其将绝也。

[释义] 钧：古时的计量单位；以30斤为1钧。一根头发上拴着千钧重物。形容万分危急的情形。

[成语故事]西汉时期有个著名的文学家名叫枚乘，他擅长写辞赋。开始他在吴王刘濞那里作郎中，刘濞想要反叛朝廷，枚乘就劝阻他说："用一缕头发系上千钧重的东西，上面悬在没有尽头的高处，下边是无底的深渊，这种情景就是再愚蠢的人也知道是极其危险的。如果在上边断了，那是接不上的；如果坠入深渊也就不能取上来了。所以，你反叛汉朝，就如这缕头发一样危险啊！"枚乘的忠告并没有得到刘濞的采纳，他只好离开吴国，去梁国作梁孝王的门客。到了汉景帝时，吴王纠合其他6个诸侯国谋反，结果被平灭。

人文艺术

计量成语

中国计量文化

China Metrology Culture

车载斗量

晋·陈寿《三国志·吴志·孙权传》

如臣之比，车载斗量，不可胜数。

[释义] 用车载，用斗量。形容数量很多，不足为奇。

[成语故事]三国时，蜀主刘备出兵伐吴。吴主孙权派中大夫赵咨出使魏国向魏文帝曹丕求援。曹丕轻视东吴，接见赵咨时态度傲慢，但赵咨对答流利且有礼，未让主人占到便宜。于是曹丕又问道："吴如大夫者几人？"赵咨回答："聪明特达者八九十人，如臣之比，车载斗量，不可胜数。"赵咨回到东吴，孙权嘉奖他不辱使命，封他为骑都尉，对他更加赏识重用。

量体裁衣

《南齐书·张融传》

今送一通故衣，意谓虽故，乃胜新也。是吾所著，已令裁减称卿之体。

[释义] 量：测量。根据自己的身体长短来裁衣服，比喻按具体情况办事。

[成语故事]南朝齐国官员张融深受齐太祖萧道成的器重和宠爱，说他是"不可无一，不可有二"。一次派人给张融送一件旧衣服，说是自己以前穿的，现叫裁缝根据他的身材改作好了，一定会合身的。张融收到后非常感激齐太祖的知遇之恩。

入木三分
唐朝·张怀瓘（guàn）《书断·王羲之》

王羲之书祝版，工人削之，笔入木三分。

[释义] 分：古时计量单位，1寸＝10分。形容书法极有笔力，现多比喻分析问题很深刻。

[成语故事]东晋时期著名书法家王羲之7岁时开始练习书法，他练字十分刻苦，经常在水池边练字，池水都染黑了。33岁时写《兰亭集序》，37岁写《黄庭经》，后来因更换写字的木板，工匠发现王羲之笔力强劲，字迹已透入木板三分深。

称心如意
宋·朱敦儒《感皇恩》

称心如意，剩活人间几岁？洞天谁道在，尘寰外。

[释义] 称：符合；称心：符合心愿。完全符合心意。

[成语故事]杆秤不仅用于买卖中，在婚礼、乔迁等庆典仪式上，也常常表示吉祥如意的祝福，直到现在我国部分地区仍然流行着这种习俗。在新人拜天地、拜祖先、拜高堂、相互对拜后，新郎用秤杆慢慢地揭开蒙在新娘头上的盖头，一睹新娘的风采，表示对婚姻"称心如意"。

才高八斗
唐·李延寿《南史·谢灵运传》

天下才共一石，曹子建独得八斗，我得一斗，自古及今共用一斗。

[释义] 斗，古时计量单位，1斗＝10升；才：文才。形容人文才很高。

[成语故事]南朝宋国有谢灵运，是我国古代著名的山水诗作家。宋文帝很赏识他的文学才能，特地将他召回京都任职，并把他的诗作和书法称为"二宝"，常常要他边侍宴，边写诗作文。一直自命不凡的谢灵运受到这种礼遇后，更加狂妄自大。有一次，他一边喝酒一边自夸道："天下才共一石，曹子建独得八斗，我得一斗，自古及今共用一斗。"从他的话中可以看出，他除了佩服曹植以外，其他人的才华都不在他眼里。

人文艺术
——计量成语

中国计量文化
China Metrology Culture

艺术绘画

税贸衡量 ——

本图以权衡和量器两大部分内容为主题，表现度量衡中的衡和量。

公元前221年，秦始皇颁布诏书，统一度量衡，在其权（砝码）量（量器）上嵌刻铭文，以"法度量则不壹歉（嫌）疑者，皆明壹之"（规范度量衡，将不一致的统一起来）。公元前344年，商鞅督造"商鞅铜方升"，器壁铭文记载："爰（yuán）积十六尊（寸）五分尊（寸）壹为升"，即以$16\frac{1}{5}$立方寸的容积为1升。1升约合现在的200毫升。新莽始建国元年（公元9年）颁行的标准量器——新莽嘉量包括了龠、合、升、斗、斛5个量。在古代以农耕为主的社会经济中，通过对称重和容量的量值统一，为商品交换、纳粮赋税等提供了强有力的计量法制保障。

舟车行动 ——

本图以行走于水陆相关的计量活动为主线，描绘了古代计量与出行航海等方面的密切关系。

汉代画像中有伏羲、女娲手执规矩量度天地的石刻。古人还有相送十里长亭一说。西汉末年的"计里鼓车"，行1里木人击鼓，行10里击镯，是最早的"里程表"，配合指南车使用，为行军征战提供了便利。在水利方面，有铜牛水标、枯水石鱼等，记录了水位测量情况。明朝时期，行舟以"更"计量，每更行程约60里；当年郑和下西洋运用锤测法——用绳索系铅锤沉入水中，铅锤到底，读出绳索上的水深标记。水深以"庹"（tuǒ）为单位，成人两手臂左右平伸时两手之间的距离为1庹，约合1.7米，这种测水深导航法直到20世纪七八十年代仍有人使用。

天地时间 ——

本图以古代计时、天文等测量仪器为画面主要内容，把时间、空间计量的数千年文化展现眼前。

古代人民为了社会生产实践的需要，以认识和把握自然为目的，开始了以时空为代表的测量活动。《隋书》记：周公测晷影于阳城，以考历记，开始了时空测量活动。先秦时期以漏刻为重要计时工具，西周时已成制度。著名的浑天仪、简仪、地动仪、司南、相风，是先人在时空气象等测量方面智慧的结晶。

井田规矩 ——

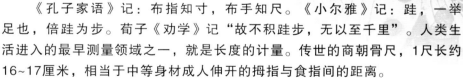

本图以长度计量为主题，表现度量衡中的度。

《孔子家语》记：布指知寸，布手知尺。《小尔雅》记：跬，一举足也，倍跬为步。荀子《劝学》记"故不积跬步，无以至千里"。人类生活进入的最早测量领域之一，就是长度的计量。传世的商朝骨尺，1尺长约16~17厘米，相当于中等身材成人伸开的拇指与食指间的距离。

公元前2000多年，大禹治水时运用了规（测圆）、矩（测方）和准绳（测长）。公元前1000年前后（西周时期）已将田亩测量划分成井字形，"井田制"出现。据《汉书·律历志》记载，汉代对长度测量规定了分、寸、尺、丈、引等计量单位，并用固定音高的黄钟律管确定长度标准，与现今用光波波长作为长度基准有异曲同工之妙。

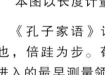

中国计量文化
China Metrology Culture

民族计量文化

　　我国的少数民族中，与汉族交流密切的都已采用汉族的计量方式，但处于边疆地区的少数民族，由于地理环境闭塞，各民族根据生产、分配和交换的需要各自产生的原始计量方式还有流传。不同的地区、不同的民族有不同的计量方式，同一民族在不同的地区也可能不一样：有的名称虽一样，但实际数量和计算方法是不一样的；有的地区甚至是各种计量方法混用。直到解放前夕，全国统一的计量工具还没有在少数民族地区普遍使用起来，部分地区仍然使用在生活中长期积累的原始的计量方法。

长度

　　人类计算长度，最早是以人体某些部位的长度或彼此之间的距离为天然标准，世界很多原始民族都是如此。云南和贵州的少数民族中，长度计量单位多以庹、肘、拃为单位，但各个民族和地域又有所不同。如西双版纳基诺族，共有7种以人体为天然标准的长度单位：

　　1拳之高或4指之高"第岁"；
　　食指第一指节之长"第寸"；
　　食指至拇指的距离"第召"俗称"小拃"；
　　中指到拇指的距离"第毛"俗称"大拃"；
　　中指尖至肘关节之长"第抽"即1肘之长；
　　两臂平伸的距离"第累"即1庹之长；
　　半庹之长"第额"。

　　他们还为部分长度单位之间定下换算关系，如1庹=5肘，1肘=5大拃。这种比例与人体实际情况并不符合，一个正常的人1肘之长总是大于2拃（即使是大拃），而5肘的长度又较1庹略长。然而基诺族并不认为这有什么不合适之处，因为他们并不需要精确的长度测定和换算，实际生活还没有提出这样的要求。

　　傣族发明了本族的尺。德宏傣族地区，由于地处中缅交通要冲，商业很早得到发展。这里解放前出过一种尺，长度和人的1肘之长相等，这种尺本身也就称为1肘（"刷能"）。其长度略等于市尺的1尺5寸，上有10个刻度，即1尺分为10寸。这种肘尺一直沿用到20世纪60年代初期。

　　独龙族有一个表示路程的词汇"第兰"，意为背着重物行路休息一次时的距离。

　　在西双版纳地区，傣族以人眼可见之距离为单位，称为"约"，规定1约等于4000庹的距离。德宏地区的傣族以一人叫喊可以被听见的距离来形容路程远近，称为"着慌"。孟连傣族表示远距离的方法更为复杂，计有"分得清是水牛还是黄牛""看不清是水牛还是黄牛""黄牛帮走一站""马帮走一站"等等。

　　黔东南的侗族常以手臂、拳头作为基础计量单位，1拳的高度称为"副"、1个拳头加1个大拇指的高度称为"1降"，然后制作出10个基础计量单位长度的竹竿作为计量器具。

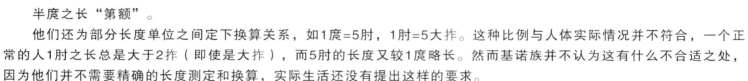

容量

最早的容量计算以人体或器物为单位。随着少数民族和内地往来的增多，内地的斗、升概念及有关量具逐渐传入少数民族地区，内地的升、斗往往又与各族传统的容量单位结合起来，形成与"官量"混用的局面。

云南独龙族以1手所盛之量为1"把"，双手所捧之量为1"捧"。他们买卖黄连贝母之类药材即以"把""捧"论价，而买卖盐巴即以吃饭之碗盛之，并以碗为单位来计算。鄂温克人以日用木碗或皮袋量物，甚至由外面传入的面口袋、玻璃瓶等亦可兼作量具之用。

傣族有较多容量单位和专用量具，瑞丽傣族主要有6个容量单位："箩""海""别""哈""利""节烈"。1箩=2海、1海=4别、1别=2哈、1哈=4利、1利=2节烈。箩是主要容量单位，在箩之上还有"挑"，1挑=2箩。傣族以箩为主的一套容量计算方法，影响了周围很多民族，但各地箩的标准是不同的。瑞丽地区傣族每箩可盛谷18.5千克。

玉树地区的藏族买卖米面以"箱"计算，买卖青稞、糌粑（zān bā）以筲（通"筒"）计算，每筲约合内地7.5千克。

侗族人民计量油等液体的器具主要有竹筒和用猪膀胱制成的油袋，对于米、稻谷等小颗粒物体则采用箩筐、竹斗、木积、米升、米桶、啵（bō）作为度量工具。

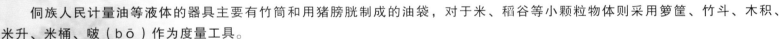

重量

与容量、长度相较，重量计量开始较晚，最早的重量单位亦似来源于人的体力。鄂温克族以一人所能背动的重量为单位，以背计重，每背约合30余千克。在云南很多民族之中都以"背"计重，傣族的1挑，除作为谷物容量单位外，同时也是一种重量单位。内地的衡器及计量单位很早就传入少数民族地区，云贵少数民族大多以斤为重量主单位，斤以下为两、钱、分、厘，均借自汉语。

属于云南少数民族自己的重量单位是"拽"（3拽=10斤）和"亢"，据说来自缅甸。孟连傣族以"拽"为主单位的一套重量计算方法比较系统，"拽"下有"亢""荒""札""海""母""贝"等单位，并有固定的比例：1拽=10亢、1亢=4荒、1荒=2札、1札=2海、1海=2母、1母=2贝。

1983年，在黔东南的榕江县出土了"乾隆校准"实物砝码一件，说明中原的计量制度这时已经传播到贵州少数民族地区。

中国计量文化

China Metrology Culture

计量人物

商鞅(约公元前395年—公元前338年)

战国时期政治家、思想家，先秦法家代表人物

立"六尺为步""二百四十步为亩""平斗桶权衡丈尺"

制作了标准量器——商鞅铜方升，建立了统一的度量衡制度

秦始皇(公元前259年—公元前210年)

首位完成中国统一的秦朝开国皇帝

秦廿六年统一全国，颁布统一度量衡的诏令

刘歆(约公元前50年—23年)

西汉后期的著名学者

提出了一套系统的以黄钟、累黍定度量衡标准的理论

王莽(公元前45年—23年)

颁行了新的度量衡制度及一批度量衡标准器

其标准器因制作精良，被后世尊奉为汉家重器

张衡(78年—139年)

东汉时期伟大的科学家、发明家

发明创造的"浑天仪"是世界上第一台用水力推动的大型观察星象的天文仪器

刘徽(约225年—295年)

魏晋时期伟大的数学家

研究新莽嘉量和注解《九章算术》

创造了用"割圆术"来计算圆周率值的科学方法

祖冲之(429年—500年)

南北朝时期著名的科学家、数学家，同时也是杰出的计量学家

对中国古代计量测试技术的进步和计量科学的发展作出了重要贡献

沈括(1031年—1095年)
北宋时期一位多才多艺的科学家
著《浮漏仪》，将漏刻的结构及消除误差的各种措施一一记录下来
在制造新浑仪时对传统的浑仪结构进行了改进

郭守敬(1231年—1316年)
元朝杰出的科学家
为了精确汇集天文数据，以备制定新的历法，精心设计制造了一整套天文仪器
制订的《授时历》是当时世界上最先进的一种历法

徐光启(1562年—1633年)
明末著名的科学家
推介西学,提出实用的"度数之学",对我国的近代科学产生了重要的影响
与传教士利玛窦共同翻译《几何原本》，共制天、地盘等观象仪，并著有《测量法义》
《测量异同》等著作

吴承洛(1892年—1955年)
中国近现代计量的奠基人，曾任南京政府度量衡局局长
中华人民共和国财经委员会技术管理局度量衡处处长
在全国度量衡的统一工作中，曾作出过重要贡献,1929年他主持制定了"一二三"市用制
即1公升＝1市升、1公斤＝2市斤、1公尺＝3市尺，被誉为中国划一现代度量衡的创始人之一

聂荣臻(1899年—1992年)
著名革命家、政治家、军事家
指出："科技要发展，计量须先行"

钱学森(1911年—2009年)
享誉海内外的杰出科学家和中国航天事业的奠基人
中国两弹一星功勋奖章获得者之一
指出："没有计量工作的现代化，要实现四个现代化是不可能的"

王大珩（1915年—2011年）
中国科学院、中国工程院院士,应用光学家
我国第一位国际计量委员会委员
指出："计量学是提高物理量量化精确度的科学，是物理的基础和前沿"

人文艺术
——计量人物

《尚书·虞书·舜典篇》：舜"协时月正日，同律度量衡"

公元前21世纪，夏禹"声为律，身为度，称以出"

公元前14世纪，商代晚期有骨尺（1尺长约17厘米）和牙尺（1尺长约16厘米）

公元前221年（秦始皇廿六年），秦始皇颁布统一度量衡诏令

公元前9年（新莽始建国元年），颁发铜丈、铜嘉量等度量衡标准器

公元1世纪，中国最早的度量衡专著《汉书·律历制》问世

624年（唐武德七年），明令并行度量衡大小制

650年，《唐律疏议》列有"校斛斗秤度不平""私作斛斗秤度不平"等违法行为的罚规

960年（宋建隆元年），宋太祖"诏有司按前代旧式，作新权衡以颁天下，禁私造者"

1005年（宋景德二年），刘承珪创制一钱半和一两两支小型戥秤，重新建立权衡单位标准

1368年（明洪武元年），令铸造铁斛斗升，付户部收粮，用以校勘

1670年（康熙九年），推行"周日十二时，时八刻，刻十五分，分六十秒"之制，实际上已是西方的HMS（时分秒）制

1713年（清康熙五十二年），康熙帝亲自累黍验证清营造尺与乐律尺的比值

1875年，在法国巴黎17个国家签署《米制公约》

1889年，第一届国际计量大会（CGPM）在巴黎召开

1908年（光绪三十四年），清庭拟定《划一度量衡制度》及《推行章程》

1915年（中华民国四年），北洋政府颁布《权度法》，规定营造尺库平制和米制并行

1929年，中华民国南京政府颁布《度量衡法》，规定米制为标准制，市用制为辅制

1930年，中华民国南京政府设立全国度量衡局

1937年，有37个国家的代表参加的第一届国际法制计量大会在巴黎召开

1950年初，中央财政经济委员会技术管理局设立度量衡处

1954年11月，全国人大常委会批准国务院设置国家计量局，作为国务院直属机构

1959年6月，国务院发布《关于统一计量制度的命令》

1965年7月，国家科委批准成立中国计量科学研究院

1972年11月，国务院批准成立国家标准计量局

1977年5月，国务院颁布《中华人民共和国计量管理条例（试行）》

1978年4月，国务院批准成立国家计量总局，由国家科委代管

1982年9月，国家计量总局更名为国家计量局，由国家经委领导

1984年2月，国务院发布《关于在我国统一实行法定计量单位的命令》

1985年9月，第六届全国人大常委会通过《中华人民共和国计量法》

1987年1月，经国务院批准，国家计量局发布《中华人民共和国计量法实施细则》

1987年4月，国务院发布《中华人民共和国强制检定的工作计量器具检定管理办法》

1988年3月，国家计量局、国家标准局和国家经委质量局合并成立国家技术监督局

1989年10月，国务院批准《中华人民共和国进口计量器具监督管理办法》

1998年3月，国家技术监督局更名为国家质量技术监督局

1999年2月，全国质量技术监督系统开始实行省以下垂直管理

2001年4月，国家质量技术监督局、国家出入境检验检疫局合并成立国家质量监督检验检疫总局

2007年10月，第十届全国人大常委会修订通过《中华人民共和国节约能源法》，能源计量工作全面展开

2011年6月，进行首次注册计量师资格考试

2013年3月，国务院印发《计量发展规划（2013—2020年）》

展望未来

　　承前以启后，继往而开来。总结计量发展历史，我们深感骄傲与自豪；提炼计量文化精髓，我们精神振奋，信心倍增；展望计量未来发展，我们又感到任务艰巨，责任重大。目前，我国计量基础还很薄弱，计量整体水平仍然滞后于经济发展的总体水平，社会主义市场经济的发展需要建立一整套新型的、更加完善的计量行政管理体制；"科技要发展，计量须先行"，要求我们必须在新一代计量基准研究方面有所突破、有所创新；信息科学、生命科学、能源科学、纳米材料等新技术的发展对计量测试技术提出了新的挑战，战略性新兴产业以及国民经济重点领域的发展需要国家计量基准、计量标准和量值传递体系尽快填补空白；国民经济重要领域的安全运行需要快速提高计量保障能力；大众健康、食品安全、节能减排、环境保护，都对计量提出了新的需求；贸易全球化和市场国际化需要在各国现有计量体系的基础上建立完善的全球计量体系。机遇与挑战并存，面对新形势、新任务、新挑战，我们必须充分发挥科学、准确、求实、奉献的精神，加强计量文化建设，推进计量工作开展，充分履行我们的职责，努力实现"度万物、量天地、衡公平"的目标！

　　路漫漫其修远兮，吾辈将上下而求索！